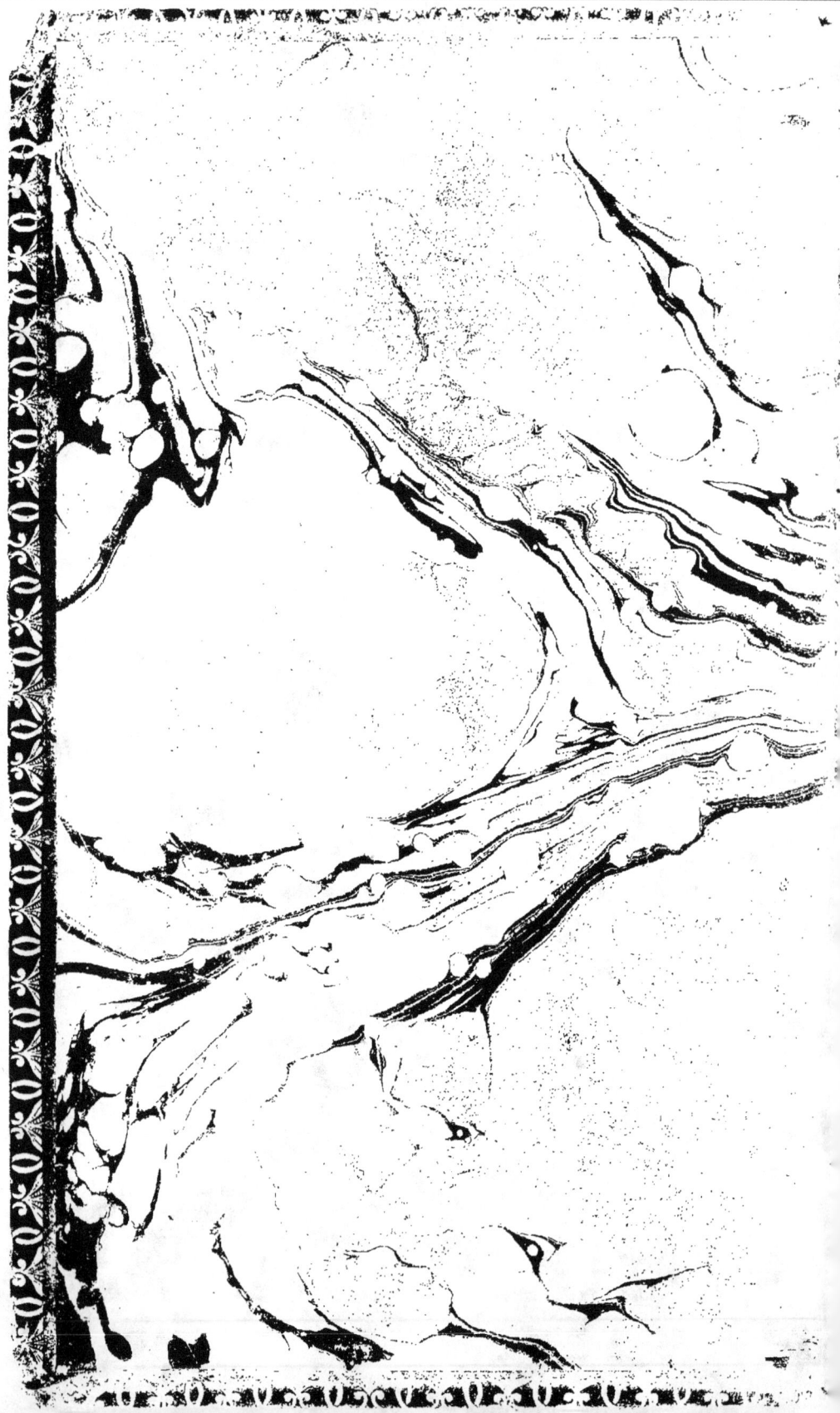

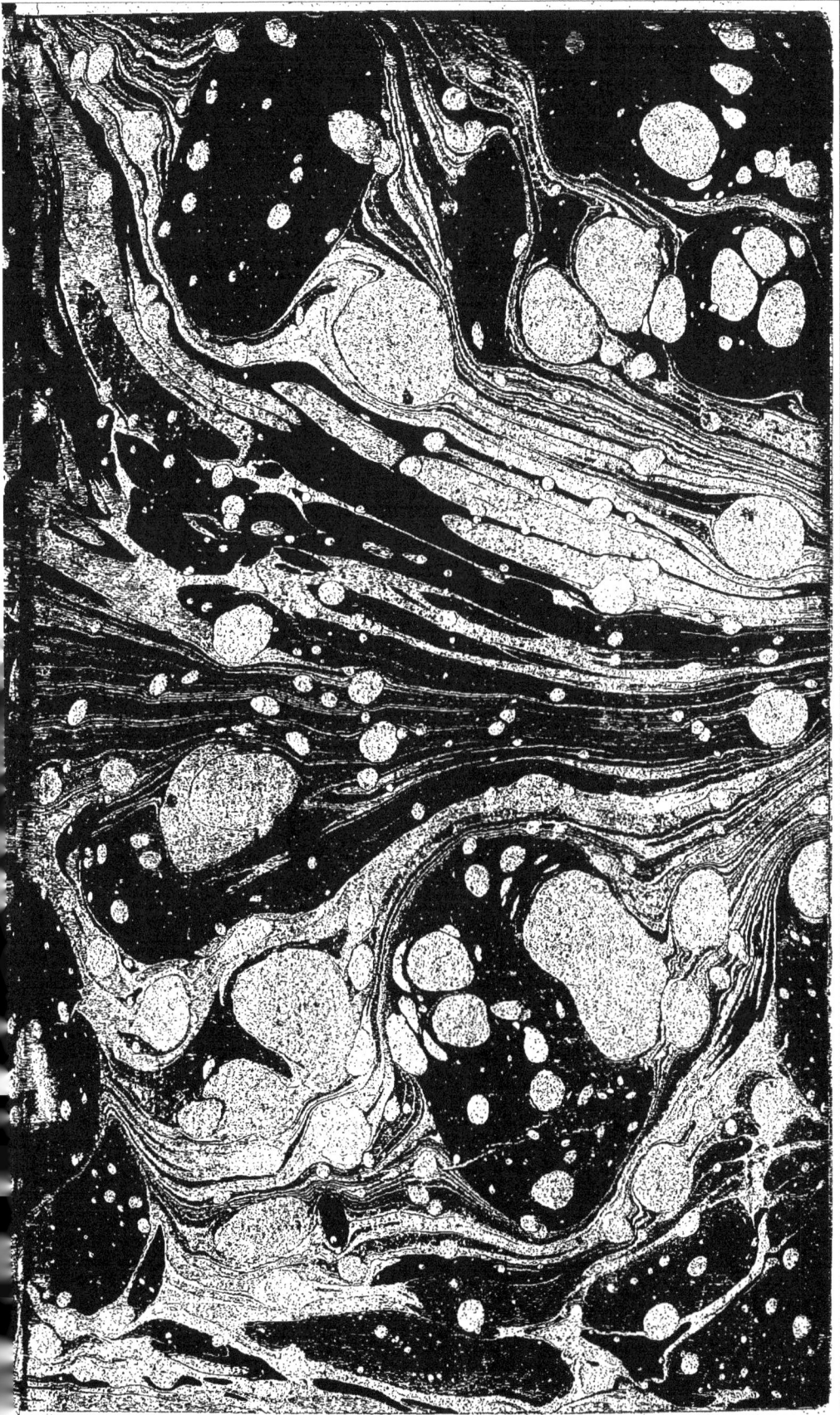

RECHERCHES

PHYSICO-CHIMIQUES,

FAITES A L'OCCASION DE LA GRANDE BATTERIE VOLTAÏQUE
DONNÉE PAR S. M. I. ET R. A L'ÉCOLE POLYTECHNIQUE.

TOME I.

PRIX, BR. 15 FR.

DE L'IMPRIMERIE DE CRAPELET.

RECHERCHES

PHYSICO-CHIMIQUES,

FAITES

Sur la Pile ;

Sur la Préparation chimique et les Propriétés du *Potassium* et du *Sodium* ;

Sur la Décomposition de l'Acide boracique ;

Sur les Acides fluorique, muriatique et muriatique oxigéné ;

Sur l'Action chimique de la lumière ;

Sur l'Analyse végétale et animale, etc.

Par MM. GAY-LUSSAC et THENARD,

Membres de l'Institut, etc.

Avec six Planches en taille-douce.

TOME PREMIER.

A PARIS,

Chez DETERVILLE, Libraire, rue Hautefeuille, n° 8.

M. DCCC. XI.

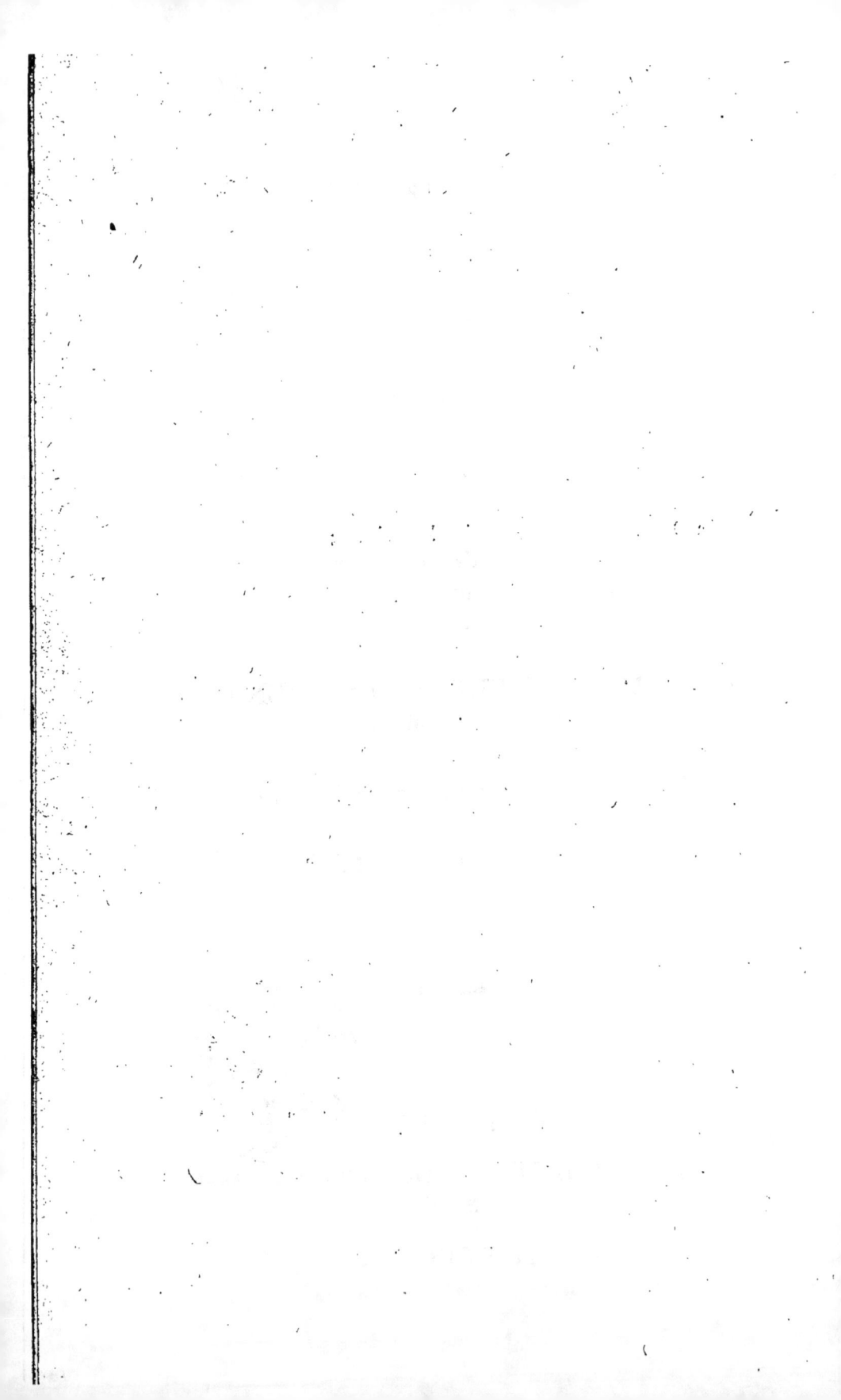

AU GOUVERNEUR

ET

AU CONSEIL DE PERFECTIONNEMENT

DE L'ÉCOLE IMPÉRIALE POLYTECHNIQUE.

INTRODUCTION.

Il est des temps où l'on cultive les sciences avec plus d'ardeur et de succès que dans d'autres ; c'est lorsque, après beaucoup d'années écoulées sans découverte remarquable, il s'en fait une éclatante tout à coup. Alors tous les esprits sont agités ; et pressés par le besoin de trouver des vérités nouvelles, ils en cherchent avidement, et en trouvent presque toujours. Quel mouvement ne produisit point la découverte de la pile voltaïque ? quel enthousiasme n'excitat-elle point ? Elle parut, et l'on jugea qu'elle devoit rendre immortel le nom de Volta, déjà célèbre. De toutes parts, on construisit des piles ; elles se multiplièrent sous toutes les formes : les savans en étudièrent à l'envi les merveilleux effets : des Sociétés se formèrent dans la seule vue de les observer ; tout le monde voulut les connoître. Dans ce

concours général, les uns perfection-
noient un instrument si admirable;
d'autres recherchoient les lois du fluide
qui en fait la force; d'autres exami-
noient l'action de ce fluide sur les élémens des corps; d'autres le voyoient
agir dans le sein de la terre, et expli-
quoient par-là plusieurs des phénomènes qui s'y passent; d'autres plus har-
dis le comparoient au fluide qui semble
animer tous les êtres vivans; et Volta,
dont le génie avoit produit ce beau mouvement, en saisissoit tous les ressorts et
voyoit toutes ces choses à la fois. Mais
il arriva ce qu'il étoit facile de prévoir;
ce mouvement se ralentit peu à peu : il
falloit une découverte nouvelle et brillante pour le ranimer; et cette découverte, c'est Davy qui eut la gloire de
la faire. Hisinger et Berzélius venoient
de prouver que le courant voltaïque
décomposoit les oxides et les acides, en
en transportant l'oxigène au pôle positif, et le radical au pôle négatif; et

qu'il décomposoit les sels en en transportant l'acide tout entier au premier
de ces pôles, et la base à l'autre. Frappé de cette loi de décomposition, Davy
s'empressa de la constater, et d'en faire
de nombreuses applications. Après avoir
soumis les acides, les sels et beaucoup
d'autres corps à l'action de la pile, il fut
conduit à y soumettre les alcalis : des
phénomènes nouveaux et très-remar-
quables lui apparurent. Au pôle négatif
se rassembloient des substances brillantes, métalliques et pourtant très-légères,
douées de la singulière propriété de
brûler dans l'air avec énergie, et même
de s'enflammer sur l'eau : c'étoient le
potassium et le *sodium*. Le bruit de
cette découverte ne tarda point à se ré-
pandre ; elle étoit si inattendue, qu'on
osoit à peine y croire. Enfin, tous les
doutes se dissipèrent ; et l'Institut l'annonça publiquement le jour même que,
dans une de ses séances, il en couron-
noit l'auteur pour des travaux antérieurs

et remarquables. Alors on eut généralement la plus haute idée de la puissance
de la pile. S. M. I. et R., qui sem-
bloit avoir pressenti cette puissance en
fondant un grand prix auquel pouvoient
aspirer les savans de toutes les nations,
voulut que la France possédât une pile
plus forte que toutes celles qui existoient
à cette époque, et qu'on recherchât si
les élémens que les agens ordinaires n'a-
voient pu encore séparer, céderoient à
cet agent extraordinaire. A cet effet, elle
assigna des fonds sur son trésor royal;
en confia l'emploi à S. Exc. le comte
de Cessac, gouverneur de l'Ecole polytechnique; et fit don de cette grande
pile à cette école même qui, outre un
chef éminent, compte tant d'hommes
d'un rare mérite dans son conseil de
perfectionnement, tant de professeurs
célèbres, et tant d'élèves qui le sont
déjà. Une commission fut nommée pour
surveiller cet important travail : nous
fûmes désignés pour l'exécuter; et bien-

tôt une batterie de six cents plaques de près de neuf décimètres carrés, et d'autres d'une dimension beaucoup plus petite, furent construites.

Cependant, tandis que tout se préparoit pour leur construction, nous faisions des recherches qui se rattachoient immédiatement à notre but principal. On ne pouvoit obtenir avec la pile que très-peu de *potassium* et de *sodium;* il étoit de la plus haute importance d'en obtenir de grandes quantités, soit pour en étudier les propriétés, soit pour s'en servir à l'avenir comme réactifs : c'étoit même à ce résultat qu'on devoit le plus s'efforcer de parvenir. Nous fîmes des expériences dans cette vue, et le succès dépassa promptement nos espérances. Certains de nous procurer ces deux métaux abondamment et facilement, nous résolûmes d'en examiner jusqu'aux moindres propriétés, et de suivre en même temps sur la pile les recherches dont on nous avoit chargés. Ces deux

genres de travaux furent commencés le
7 mars 1808, et suivis avec ardeur jusque dans ces derniers temps : l'un, pour
ainsi dire, neuf, devoit nous offrir beaucoup de phénomènes nouveaux ; l'autre,
exploité par beaucoup d'habiles physiciens, ne devoit nous en offrir qu'un
petit nombre : c'est ce que nous avions
prévu et ce qui est arrivé. Maintenant
que toutes nos observations sont terminées et qu'elles n'ont encore paru que
par extrait dans les journaux scientifiques, nous croyons devoir les réunir
dans l'ouvrage que nous offrons aujour-
d'hui au public.

Cet ouvrage est en deux volumes, et
accompagné de six planches, dessinées
par M. Girard et gravées par M. Adam.
Il est divisé en quatre parties : la première renferme les résultats des expériences que nous avons faites sur la pile ;
la seconde a pour objet la préparation
du *potassium* et du *sodium*, par les
procédés chimiques, et les phénomènes

que présentent ces deux métaux mis en contact avec les divers corps de la nature; la troisième se compose principalement de recherches sur les acides fluorique, muriatique et muriatique oxigéné, et sur la manière dont la lumière agit dans les phénomènes chimiques; la quatrième est relative à l'analyse des substances végétales et animales. En jetant un coup-d'œil sur la table des matières, on prendra une idée de ce que chacune de ces parties renferme.

Nous nous sommes souvent occupés des mêmes recherches que M. Davy; nous avons dû par cela même nous efforcer d'en citer les dates : nous l'avons fait, au commencement ou à la fin de chaque chapitre, en rapportant pour celles qui lui sont propres, comme pour celles qui nous appartiennent, le jour où elles ont été lues, celui où elles ont été publiées, et les journaux scientifiques où elles ont été imprimées. Si nous avons commis quelques erreurs dans ces citations, nous prions nos lecteurs de croire qu'elles sont involontaires. Nous avons aussi cherché à montrer clairement les différens points sur lesquels nous ne pensons point comme le célèbre chimiste anglais : nous avons même fait un tableau de nos opinions respectives, afin qu'on puisse les examiner et les juger comparativement. Enfin, comme tous les phénomènes que présentent le *potassium* et le *sodium* sont susceptibles de s'expliquer plus ou moins bien, soit en regardant ces métaux comme des corps simples, soit en les regardant comme des hydrures, nous avons cru devoir rassembler, à la fin de notre ouvrage, toutes les raisons qui sont en faveur de ces deux hypothèses, pour qu'on choisisse celle qui paroîtra la plus probable. Nous n'osons point donner comme vrais tous les résultats que nous rapportons, parce qu'ils sont très-nombreux et que malgré tous les soins que nous avons employés pour trouver la vérité, elle a pu nous échapper. Cependant nous devons dire que toutes les expériences qui leur servent de base, ont été répétées au moins deux fois, souvent quatre à cinq, et quelquefois plus de vingt. La classe des Sciences mathématiques et physiques de l'Institut a bien voulu charger une commission de lui faire un rapport sur notre ouvrage. Ce rapport, rédigé par un des membres les plus illustres de la classe, offrant un résumé précis et fidèle de nos travaux, et renfermant d'ailleurs des observations propres au rapporteur lui-même, nous avons cru devoir l'insérer à la fin du second volume; convaincus qu'il sera aussi instructif pour nos lecteurs qu'il est honorable pour nous.

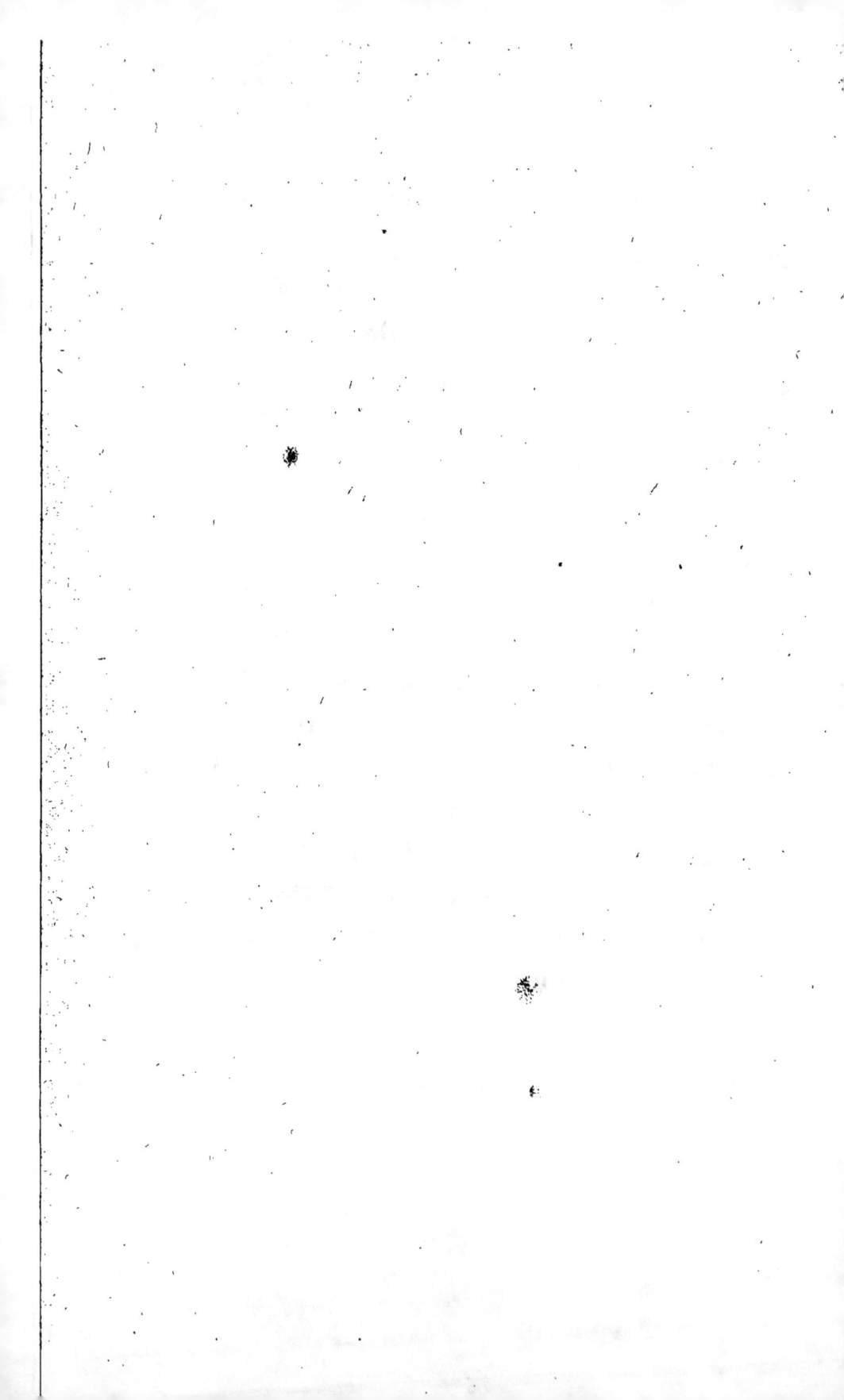

RECHERCHES

PHYSICO-CHIMIQUES.

PREMIÈRE PARTIE.

RECHERCHES SUR LA PILE.

1. Notre premier soin dans ces recherches, a dû être de nous occuper de la construction de la grande batterie que l'Ecole
polytechnique doit à la munificence de S. M.
I. et R. Cette batterie dont nous allons donner la description, est composée de six cents
paires carrées. Chaque paire formée de l'assemblage de deux plaques, l'une de cuivre,
du poids d'un kilogramme, et l'autre de
zinc, du poids de trois kilogrammes, a trois
décimètres de côté : la surface d'une plaque
est par conséquent de neuf décimètres car-

rés (près de onze pouces); et celle de toute
la batterie de cinquante-quatre mètres carrés
(environ cinq cents pieds). Nous avons mieux
aimé avoir moins de plaques, et leur laisser plus de surface, parce qu'après en avoir
étudié les effets, il nous étoit facile, en les
coupant, d'en augmenter le nombre à volonté. D'un autre côté, la manière accou-
tumée de construire les piles dont les plaques sont d'une grande dimension, étant
très-dispendieuse, nous avons cru devoir,
après plusieurs essais, employer de préférence la construction suivante qui se fait à
peu de frais.

2. Les plaques ne sont point contenues
dans des caisses; elles sont supportées par
un tréteau, et maintenues par un châssis
portant à l'une de ses extrémités deux vis
au moyen desquelles on peut les serrer à
volonté. Elles ne touchent le bois nulle part;
elles en sont isolées par des baguettes de
verre, et du mastic composé de quatre parties de brique pilée, trois de résine et une
de cire jaune. Pour former les auges, ou espace compris entre une paire et la paire voisine, on a séparé les plaques les unes des

autres, par de petites baguettes de bois bien
sec, trempées dans le mastic, et épaisses de
quatre millimètres. C'est contre la face
du châssis opposée à celle où sont les vis,
qu'on pose la première plaque; ensuite, on
applique le long de son bord inférieur et
de ses deux bords latéraux, trois des baguettes dont on vient de parler, et l'on
place une seconde plaque que l'on serre
contre la première. Si le mastic dont ces
baguettes sont imprégnées ne se solidifie pas
trop promptement, on peut placer quatre,
six, huit plaques et même plus, avant de
les serrer. On continue ainsi successivement jusqu'à ce qu'on ait placé les cent
plaques qui doivent composer une pile.
Alors, on applique du mastic avec un pin-
ceau sur sa face inférieure et ses deux faces
latérales; on en couvre soigneusement les
bords de toutes les plaques et toutes les baguettes, et on l'unit avec un fer chaud: puis,
afin de pouvoir verser dans les auges prompt-
tement et facilement, le liquide qui doit
les remplir et mettre la pile en activité, on
établit sur sa partie supérieure un rebord
de quatre centimètres; de sorte qu'une des

auges étant pleine, l'excédent passe dans la suivante.

3. La pile ainsi construite, il est évident qu'à cause de son poids et de son peu de solidité, on ne peut la retourner sans la détruire. C'est ce qui fait que pour la vider aisément, nous avons fait percer dans toutes les plaques, un petit trou de sept à huit millimètres de diamètre, immédiatement au-dessus du milieu des baguettes horizontales qui forment le fond des auges. On a eu grand soin de mettre tous ces trous dans la même direction ; ce qui a été facile, au moyen d'une tige cylindrique de fer. Cette tige qui sert ainsi de régulateur dans la construction de la pile, en est retirée lorsque la pile est construite. Il en résulte à la vérité que les auges étant pleines, elles communiquent entre elles, par le petit cylindre liquide qui se substitue à la tige, d'où il suit que l'effet de la pile est diminué ; mais il l'est d'une quantité si petite, qu'on pourroit n'y faire aucune attention. Cependant pour ne rien perdre, ou pour ne perdre que le moins possible de cet effet, on a remplacé la tige de

fer par une tige de baleine vernissée, qui, s'enfonçant dans cette série de trous, intercepte toute communication, et rétablit l'isolement.

4. Les communications sont établies d'une pile à l'autre, par de gros fils de laiton soudés à des plaques aussi de laiton, et dont chacune a les mêmes dimensions en longueur et largeur que l'auge dans laquelle elle plonge. Quant aux fils dont on se sert pour soumettre les corps à l'action de la batterie, et par lesquels on peut, à volonté, en faire communiquer les deux pôles, ils sont ordinairement de platine. Tantôt ils sont soudés comme les autres avec des plaques de laiton, et tantôt ils plongent simplement d'un décimètre environ dans un tuyau métallique, rempli de mercure, et soudé avec une plaque de la pile : cette seconde manière d'établir les communications est même plus commode et plus simple que la première.

5. Pour remplir les auges, on a autant de tonneaux que de piles, contenant alternativement une liqueur acide et de l'eau. Chaque tonneau plein d'acide, porte deux

gros syphons de plomb qu'on amorce d'a-
vance, et qui doivent remplir chacun une
pile. Lorsqu'on veut opérer, on ferme avec
des bouchons les deux trous qui sont aux
extrémités de chaque pile ; on met au même
instant tous les syphons en jeu ; et en moins
de deux minutes, l'appareil est rempli.
Cela fait, on ôte promptement l'un des
deux bouchons pour placer la tige de baleine dont nous avons parlé. Ensuite on
procède à l'expérience ; et lorsque la pile
est épuisée en partie, on la vide à la fois
par les deux bouts en retirant et la baleine
et l'autre bouchon : le liquide de chaque
pile, est reçu dans un conduit particulier
qui le verse dans un autre commun à toutes,
au moyen duquel on le recueille ou on le
rejette. Enfin, après l'expérience, on porte
les syphons dans les tonneaux pleins d'eau ;
et on lave avec cette eau toutes les piles à
plusieurs reprises.

6. Telle est l'idée générale qu'on doit se
former de notre grande batterie voltaïque.
On a pu remarquer que la construction
en est simple et peu dispendieuse, et que
la manœuvre en est très-facile et très-

prompte : ce qui est bien important pour mettre à profit son maximum d'effet ; car son énergie diminue avec une rapidité extraordinaire. On trouvera plus de détails sur cette construction dans les planches qui sont à la fin de ce volume, et dans la description qui les accompagne.

7. Une semblable batterie ayant une grande capacité, il faut beaucoup d'acide pour la remplir et la mettre en activité ; et dès-lors, son emploi devient très-dispendieux. D'ailleurs, il est un grand nombre de circonstances où il n'est pas nécessaire d'avoir des plaques très-larges, parce qu'on ne gagne pas beaucoup à multiplier les surfaces. C'est pour cette raison que nous avons construit des piles d'une petite dimension, dont les plaques n'ont chacune que quarante-huit centimètres de surface. (*Voyez* pl. 3, fig. 1 et 2.) Leur petitesse permettant de les retourner facilement, nous avons adopté pour ces nouvelles piles, une autre construction que pour les précédentes.

8. Nous avons pris de petites caisses de bois de chêne un peu plus profondes et plus larges que les plaques, et nous en avons

recouvert le fond d'une couche de mastic
d'environ cinq millimètres d'épaisseur. Les
plaques ont été séparées les unes des autres
par des tubes de verre d'un seul morceau,
trempés dans le mastic, et appliqués pendant que ce mastic étoit encore liquide.
L'espace intermédiaire entre la pile et les
parois de la caisse a été rempli de ce même
mastic; de sorte que la pile étoit parfaitement isolée dans tous les sens : les caisses
ont ensuite été peintes pour empêcher l'humidité de les pénétrer et de les tourmenter.
C'est ainsi qu'on a construit douze petites
piles qui renferment, chacune, cent vingt-
cinq paires; et qui, par leur réunion, forment
une batterie de quinze cents paires. Elles
sont toutes disposées sur deux tables légèrement inclinées en sens contraire, munies
de rebords sur trois de leurs côtés et d'une
rigole commune sous le quatrième, qui est
celui vers lequel elles penchent. On verse
avec une casserole le liquide dont on les
remplit, et on les vide en les retournant
sens dessus dessous. L'excès du liquide dans
le premier cas, et sa totalité dans le second,
sont reçus par la rigole qui le transmet dans

des réservoirs séparés. D'ailleurs, les communications sont établies entr'elles de même qu'entre les piles de la grande batterie.

Enfin, nous avons aussi construit pour des expériences particulières, mais seulement avec du verre et du mastic, de petites piles de vingt-deux paires. Ces petites piles ont cela de particulier, qu'étant très-légères, elles sont encore plus faciles à manœuvrer que les autres. Toutes, au reste, peuvent être démontées aisément; il suffit, pour cet effet, de les remplir d'eau bouillante : le mastic sera mollissant très-promptement, permet de séparer les plaques sans aucun effort; et comme il n'a point éprouvé d'altération, on peut l'employer de nouveau.

9. Aussitôt que ces diverses piles ont été construites, nous nous sommes empressés de répéter les belles expériences de M. Davy, et d'en tenter de nouvelles : mais ce champ avoit été déjà parcouru avec tant de succès, soit par cet excellent physicien, soit par les chimistes allemands, que nous ne pouvions espérer d'y faire des découvertes remarquables. Nous ne ferons pas mention

de toutes les tentatives que nous avons
faites; nous ne parlerons que de celles dont
les résultats nous paroissent mériter quelqu'attention. Elles sont de trois sortes : les
unes sont relatives à la détermination des
causes qui font varier l'énergie de la pile;
les autres sont relatives à la connoissance
de l'action de notre grande batterie sur un
certain nombre de corps; enfin, les dernières ont pour objet la production et les
propriétés principales de l'amalgame ammoniacal, et les moyens qu'on peut employer pour analyser cet amalgame, et démontrer qu'il est formé de mercure, d'hydrogène et d'ammoniaque.

CAUSES QUI FONT VARIER L'ÉNERGIE DE LA PILE.

10. Les diverses circonstances de l'équilibre du fluide électrique dans la pile de
Volta, ont été parfaitement discutées dans
un rapport de la commission nommée par
l'Institut, pour lui rendre compte des grandes découvertes de l'illustre physicien de
Pavie. Les causes qui font varier l'énergie
d'une pile, n'ont pas été, à beaucoup près,

aussi bien analysées. Quelques physiciens pensent que cette énergie, toutes choses égales d'ailleurs, dépend uniquement de la conductibilité des dissolutions salines. D'autres, à la tête desquels on doit placer M. Wollaston, l'attribuent, au contraire, à l'action chimique de ces dissolutions, et surtout à l'oxidation des métaux. L'explication qu'en donne M. Davy dans un Mémoire qui a été couronné à l'Institut (1), tient en quelque sorte le milieu entre les deux explications précédentes. Suivant lui, l'énergie électrique des métaux, les uns par rapport aux autres, et celle des autres substances qui composent la pile, sont les causes qui troublent l'équilibre électrique; et c'est la grande tendance des différens agens chimiques à être attirés les uns par les surfaces négatives, les autres par les surfaces positives, qui le rétablit.

Ce point de théorie ne nous paroissant pas suffisamment éclairci, nous avons voulu l'examiner, et nous allons faire connoître dans les articles suivans les diverses expé-

_____

(1) Philos. Trans. 1807.

riences qui ont fixé notre opinion à cet égard.

Exposé des moyens employés pour mesurer l'énergie chimique de la pile.

11. On doit distinguer l'énergie électrique d'une pile de son énergie chimique; elles ne sont pas toujours dans le même rapport, et la connoissance de l'une ne conduit pas nécessairement à celle de l'autre. Une pile de quatre-vingts paires décompose la potasse ou la soude, au moment où elle vient d'être montée avec un acide; tandis qu'une pile de six cents paires montée avec de l'eau, ou même avec une dissolution de sulfate de soude, ne produit point le même effet, quoiqu'ayant une tension bien plus considérable. D'une autre part, on observe une très-grande différence dans les effets d'une pile, en faisant plonger deux fils de platine communiquant avec ses pôles, dans de l'eau pure ou dans une eau qui tient en dissolution un sel, un alcali ou un acide; car on obtient plus de gaz, lorsque l'eau contient un sel que lors-

qu'elle est pure, plus encore lorsqu'elle est très-acide que lorsqu'elle l'est peu. Or, comme on sait que les acides sont meilleurs conducteurs que les alcalis et les sels, et que ceux-ci sont meilleurs conducteurs que l'eau, nous avons pensé que ces résultats dépendoient de la conductibilité plus ou moins grande de ces divers liquides, et nous nous en sommes assurés de la manière suivante.

12. Nous avons rempli d'acide sulfurique très-foible, une pile à auges de vingt paires seulement, chacune de quarante-huit centimètres de surface. Les deux fils de platine qui devoient établir une communication entre les deux pôles de cette pile, entroient dans un entonnoir par son bec; ils y étoient scellés à la distance l'un de l'autre d'environ un centimètre, et plongoient chacun, par leur partie inférieure, dans un tube de cuivre rempli de mercure et soudé à un gros fil de même métal en communication directe avec les extrémités de la pile elle-même. (*Voyez* pl. 3, fig. 5.) L'entonnoir servoit à contenir le liquide soumis à l'expérience; et une petite cloche sous laquelle

entroient les deux fils de platine, y rece-
voit le gaz provenant de la décomposition
de l'eau. Nous devons faire observer que
nous avons borné la durée de chaque expérience à vingt minutes, parce qu'il nous
a paru que ce temps étoit suffisant pour
que l'acide des auges fût saturé, et l'énergie de la pile considérablement affoiblie.

13. Avec cet appareil, et en ayant égard
aux circonstances que nous venons d'indiquer, nous avons trouvé que lorsque l'entonnoir étoit rempli d'eau d'Arcueil, qui
contient un peu de carbonate de chaux
en dissolution, on obtenoit constamment
dix à onze parties de gaz; et que lorsqu'il
étoit successivement rempli d'acide sulfurique, d'acide nitrique et d'acide muriatique très-étendus, on obtenoit quarante-
quatre à quarante-huit parties de gaz (1).

Plusieurs dissolutions salines concen-
trées nous ont offert à peu près les mêmes
résultats que les acides foibles; mais lorsqu'elles étoient étendues de beaucoup d'eau,

_____

(1) Cent vingt-trois parties équivalent à un centi-
litre.

elles ne donnoient plus lieu qu'à un foible dégagement de gaz.

14. La quantité de gaz qui se développe dans chaque expérience, ne dépend pas seulement de la conductibilité du liquide contenu dans l'entonnoir ; mais elle dépend aussi de la nature et du dégré de concentration du liquide dont on remplit les auges. En effet, on a obtenu deux cent vingt-six parties de gaz, en remplissant la pile et l'entonnoir d'acide nitrique : mais on en a obtenu moins, en affoiblissant l'acide de la pile seulement, et d'autant moins qu'on l'a rendu plus foible ; à tel point, qu'en y substituant de l'eau, on n'en a plus obtenu qu'une très-petite quantité. Il est difficile d'employer de l'acide sulfurique pour ces sortes d'expériences, parce que cet acide produit avec les plaques, pour peu qu'il soit fort, une effervescence qui fait sortir le liquide des auges et empêche les résultats d'être comparables : inconvénient que l'acide nitrique n'offre point.

15. Convaincus par ces diverses expériences que la quantité de gaz qu'on obtient, est d'autant plus grande, toutes choses éga-

les d'ailleurs, que les dissolutions acides ou salines sont meilleurs conducteurs, nous avons pris cette quantité pour mesure des effets chimiques de la pile. Nous ne prétendons cependant pas qu'elle soit proportionnelle aux pouvoirs conducteurs; nous la regardons seulement comme très-propre à les classer les uns part rapport aux autres.

Expériences qui démontrent que l'énergie de la pile est plus grande avec un mélange d'acide et de sel qu'avec un acide seul.

16. Nous avons pris d'abord un certain volume d'acide sulfurique foible, contenant $\frac{1}{80}$ d'acide concentré; puis, deux autres volumes égaux, l'un d'eau, l'autre du même acide, dans chacun desquels on a dissous la même quantité de muriate de soude. On a ensuite monté successivement la pile avec chacun de ces liquides, et on a répété trois fois la même expérience. L'acide de l'entonnoir étoit de l'acide nitrique étendu de deux fois son volume d'eau. Voici la moyenne des résultats de chaque expérience.

Pile montée avec l'acide seul.	Pile montée avec le sel seul.	Pile montée avec le mélange de sel et d'acide.
88,7 de gaz.	11,7	187,0

On voit par ces résultats que le muriate de soude ajouté aux acides augmente
considérablement les effets de la pile : il
est très-remarquable, que ce sel ne produi-
sant qu'un effet exprimé par onze-ou-douze
parties de gaz, il augmente celui de l'acide
de près de cent.

*Expériences tendantes à prouver que les ef-
fets chimiques de la pile sont proportionnels à la force de l'acide avec lequel on
la met en activité.*

17. Nous avons fait plusieurs mélanges
d'eau et d'acide nitrique dans diverses proportions : le premier contenoit $\frac{1}{80}$ de son
volume d'acide nitrique du commerce ; le
second $\frac{1}{40}$; le troisième $\frac{1}{20}$, et le quatrième $\frac{1}{10}$. Le liquide de l'entonnoir étoit

I.   2

de l'acide nitrique ordinaire étendu de trois
parties d'eau.

Pile montée avec l'acide, n° 1.	Pile montée avec l'acide, n° 2.	Pile montée avec l'acide, n° 3.	Pile montée avec l'acide, n° 4.
79 parties 85	159 146	324 301	443 423
82	152,5	312,5	433

D'après les résultats des trois premières
expériences, les effets de la pile sont à très-
peu près proportionnels à la force de l'a-
cide; mais d'après ceux de la quatrième,
ils s'écartent de cette loi. On peut présumer
que cet écart est dû à ce que l'acide de
l'entonnoir assez bon conducteur dans les
trois premières expériences, ne l'étoit plus
assez dans la quatrième. En effet, en le
rendant beaucoup plus fort, on a obtenu
582 parties de gaz, au lieu de 433; et en le
rendant au contraire beaucoup plus foible,
on a obtenu seulement 257 parties. Par con-

séquent, si on ne peut conclure généralement que les effets de la pile sont proportionnels à la force de l'acide, on ne peut s'empêcher au moins d'admettre qu'ils ne s'éloignent pas beaucoup de ce rapport, lorsque l'acide des auges est foible et que le liquide de l'entonnoir est un bon conducteur.

Expériences faites pour savoir si la partie des fils plongée dans le liquide de l'entonnoir, étant plus ou moins longue, il se dégage plus ou moins de gaz.

PREMIÈRE SÉRIE.

18. L'acide dont nous nous sommes servis pour monter la pile, étoit composé de quarante parties d'eau et d'une partie d'acide nitrique du commerce; celui de l'entonnoir étoit le même que dans les expériences précédentes. Les fils de platine que l'on a employés, avoient chacun huit centimètres de longueur.

Résultat moyen de cinq expériences; 149 parties de gaz.

DEUXIÈME SÉRIE.

Les deux fils de platine qui avoient huit centimètres de longueur dans les expériences de la précédente série, ont été réduits à quatre centimètres dans celles-ci : toutes les autres circonstances sont restées les mêmes.

Résultat moyen de cinq expériences ; 156 parties.

TROISIÈME SÉRIE.

Les fils ont été réduits au quart de leur longueur primitive : alors les effets ont diminué très-sensiblement ; car la moyenne de cinq expériences n'a été que de 65 parties. Mais ayant rendu l'acide de l'entonnoir beaucoup plus fort, nous avons obtenu 169 parties : d'où l'on voit que, lorsque le liquide de l'entonnoir est assez bon conducteur relativement à l'acide des auges, on n'augmente pas les effets de la pile en augmentant la longueur des fils au-delà d'un certain terme ; et que, lorsqu'ils sont très-courts, on peut suppléer à

leur longueur par la force de l'acide dans
lequel ils plongent.

*Expériences sur le rapport de conductibi-
lité des acides, des alcalis et des sels.*

19. On a pris d'abord de l'acide nitrique foible que nous désignons par A ; on
l'a étendu d'un volume d'eau égal au sien, et
on s'en est servi pour remplir l'entonnoir.
L'acide des auges étoit composé de seize parties d'eau, et d'une partie d'acide nitrique ordinaire. Trois expériences consécutives ont donné pour résultat total 827 parties de gaz.

D'une autre part, on a pris une dissolution de soude pure, telle qu'à volume égal
elle saturoit l'acide nitrique A : on l'a aussi
étendue d'un volume d'eau égal au sien ; et
l'entonnoir en ayant été rempli, on a fait
trois expériences consécutives qui ont produit ensemble 510 parties de gaz.

Enfin, on a mêlé ensemble à volume égal
de l'acide et de l'alcali, tels qu'ils étoient,
l'un et l'autre, avant d'avoir été étendus
d'eau. Il en est résulté une dissolution saline

parfaitement neutre, dans laquelle il y avoit la même quantité d'eau que dans les dissolutions acide et alcaline des expériences précédentes ; et après en avoir rempli l'entonnoir, on a trouvé pour résultat total de trois expériences, 225 parties de gaz.

Il est donc manifeste que l'acide est meilleur conducteur que l'alcali, lorsqu'ils sont, l'un et l'autre, en telle quantité dans l'eau que sous des volumes égaux ils se neutralisent complètement ; et que l'alcali est meilleur conducteur que le sel qui en résulte. D'autres essais que nous avons faits avec la potasse, l'acide sulfurique et l'acide muriatique, nous ont donné des résultats analogues.

Expériences qui font connoître les effets de la pile relativement aux quantités de sels, mises dans l'entonnoir.

20. Le liquide des auges contenoit $\frac{1}{16}$ d'acide nitrique du commerce ; celui de l'entonnoir, pour la première expérience, étoit une dissolution de sulfate de soude ; pour la seconde, cette dissolution avoit été étendue d'un volume d'eau égal au sien, et ainsi

de suite : de sorte que les quantités de sel suivoient la progression géométrique décroissante 1, $\frac{1}{2}$, $\frac{1}{4}$, $\frac{1}{8}$, $\frac{1}{16}$, etc.

NUMÉROS DES EXPÉRIENCES.	RÉSULTAT MOYEN DE TROIS EXPÉRIENCES.	Quantité de sulfate de soude desséché, contenu dans la dissolution.
1	328	0,10496
2	264	0,05248
3	208	0,02624
4	175	0,01312
5	146	0,00656
6	128	0,00328
7	87	0,00164
8	72	0,00082
9	49	0,00041

Surpris qu'une aussi petite quantité de sulfate de soude que celle employée dans la neuvième expérience, donnât encore à l'eau la propriété de fournir beaucoup de gaz, nous avons mis dans l'entonnoir de l'eau bouillie et parfaitement pure ; mais alors nous n'avons pas obtenu assez de gaz, même pendant l'espace de plusieurs heures, pour l'évaluer à une partie. Cette expérience répétée plusieurs fois, nous a présenté constamment les mêmes résultats. La pile qui servoit à ces expériences n'étoit que de vingt couples ; avec une de six cents, les résultats n'ont pas été beaucoup plus sensibles. Concluons de là, que l'eau pure est un trop mauvais conducteur du fluide électrique pour pouvoir être décomposée par ce fluide ; mais qu'il suffit qu'elle contienne une très-petite quantité d'un sel quelconque, pour le laisser passer plus librement, et éprouver une décomposition très-marquée.

21. Ces expériences expliquent pourquoi on a obtenu des quantités très-variables de gaz, en décomposant l'eau par la pile de Volta. La chaleur contribue aussi, mais beaucoup moins que les sels, à rendre ces quantités de gaz variables. Nous avons mis dans l'entonnoir de l'eau qui ne contenoit qu'une très-petite quantité de sel, et dont la température étoit de douze degrés : en vingt minutes, nous avons obtenu 38 parties de gaz ; et lorsque la température de l'eau a été portée à cinquante-cinq degrés, nous en avons obtenu 68 parties dans le même espace de temps.

22. Les résultats que nous avons obtenus

avec les dissolutions de sulfate de soude à diverses densités, montrent que les effets de la pile sont d'autant plus grands, ou qu'il y a d'autant plus d'eau décomposée que la dissolution saline est plus forte. Pour savoir d'une manière plus exacte si ces effets ne suivoient pas un rapport déterminé avec la quantité de sel dissous dans l'eau, nous avons fait une nouvelle expérience. Nous nous sommes servis d'une pile de vingt paires seulement, et nous l'avons montée avec un liquide composé de vingt mesures d'eau et d'une mesure d'acide nitrique du commerce. La dissolution de sulfate de soude étoit saturée et avoit une densité de 1,0747. Après une forte évaporation à siccité, 156^{gram},745 de cette dissolution ont laissé un résidu de 12^{gram},302 : l'eau en contenoit par conséquent 0,0784. Après la première expérience, on a étendu la dissolution d'un volume d'eau égal au sien, et ainsi de suite.

NUMÉROS DES EXPÉRIENCES.	Quantité de sulfate de soude desséché contenu dans la dissolution.	RÉSULT. MOY. DE DEUX EXPÉRIENCES.	Résult. calculé en supposant les quant. de gaz proportionnelles aux rac. cubes des quant. de sel.
1	0,0784	230	230
2	0,0392	186	182
3	0,0196	157	144
4	0,0098	118	115
5	0,0049	93	91
6	0,0024	64	72
9	0,0003	33	31

On voit que la dissolution de sulfate de soude est un conducteur d'autant moins bon, ou donne d'autant moins de gaz, qu'elle s'éloigne davantage du point de saturation; qu'il s'en faut de beaucoup que cette dissolution donne deux fois moins de gaz, lorsqu'elle contient deux fois moins de sel: et que cet effet n'a lieu que quand elle en contient huit fois moins; ainsi qu'on peut le remarquer, en comparant les résultats obtenus par le calcul dans cette hypothèse, et ceux que donne l'expérience.

Déjà on a pu observer cette loi dans la plupart des nombres de la série précédente (20), quoique les expériences dont ils dérivent n'aient point été faites avec la même précision que celles-ci. Par conséquent, on ne s'écartera pas beaucoup de la vérité, en disant que pour produire dans le même temps, avec deux dissolutions de sulfate de soude, deux quantités de gaz doubles l'une de l'autre, il faut que la première contienne en général huit fois autant de sel que la seconde; et qu'ainsi les quantités de gaz qu'on obtient avec les diverses dissolutions de sulfate de soude croissent comme les racines cubes des quantités de sel qu'elles contiennent.

23. Il étoit à présumer, d'après ces résultats, que les autres sels suivroient une loi analogue; mais l'expérience nous a bientôt démontré le contraire. Une dissolution saturée de sulfate de magnésie nous a donné les résultats suivans :

NUMÉROS DES EXPÉRIENCES.	RÉSULTAT MOYEN DE TROIS EXPÉRIENCES.
1	86
4	55
7	45
10	24

Les nombres 86, 55, 45 et 24, ne présentent aucune loi.

Une dissolution saturée de nitre nous a offert des résultats encore plus singuliers ; car la quantité de gaz bien loin de diminuer à mesure que la quantité de sel devenoit de plus en plus foible, a, au contraire, été en augmentant. Dans une expérience pour laquelle on s'est servi d'une dissolution saturée de nitre, on n'a obtenu que 28 parties de gaz ; et lorsque la dissolution a été étendue d'un volume d'eau égal au sien, on en a obtenu 47. On a observé à la vérité qu'il se dégageoit plus de gaz au fil positif qu'au fil négatif ; et que, conséquemment, l'hydrogène avoit dû agir sur les élémens de l'acide nitrique : mais ces divers résultats ne tendent pas moins à prouver que la propriété conductrice des dissolutions salines, si toutefois ces effets en dépendent, ne suit aucun rapport déterminé avec leur densité. Cependant on pourroit les concevoir, dans le cas où on admettroit ce rapport, en observant que les sels cristallisés sont, en général, de mauvais conducteurs, et qu'en se dissolvant dans l'eau, leur conductibilité augmente en même temps que celle de l'eau. En effet, il seroit possible qu'il y eût entre l'eau et le sel un point de saturation pour lequel la propriété conductrice fût à son maximum, et qu'à partir de ce point on pût observer quelque loi régulière semblable à celle que nous a présentée le sulfate de soude. C'est un objet qui seroit digne de nouvelles recherches.

Expériences propres à déterminer les effets de la pile relativement au nombre et à la surface des plaques qui la composent.

24. L'acide des auges qui devoit rester le même pour de grandes et de petites piles, étoit assez foible ; celui de l'entonnoir étoit

au contraire, assez fort pour être bon conducteur avec des piles très-différentes.

NOMBRE DES PLAQUES.	RÉSULTAT MOYEN DE DEUX EXPÉRIENCES.	Résultat calculé en supposant les quantités de gaz proportionnelles à la racine cube du nombre des plaques.
15	214	214
30	264	269
60	371	340
120	412	428

Dans une seconde expérience où nous
avons fait varier l'acide des auges, nous
avons obtenu 184 parties de gaz avec une
pile de 120 paires, et 87 parties avec une
pile de 15 paires.

Dans une troisième expérience où la liqueur des auges étoit composée de 39 parties d'eau et 1 d'acide nitrique, une pile
de 15 plaques a donné 145 parties de gaz,
et une pile de 30 plaques, 180.

Enfin, dans une quatrième expérience
où la liqueur des auges et de l'entonnoir
étoit de l'eau tenant une très-petite quantité de sel en dissolution, une pile de 120
paires a donné 59 parties de gaz en vingt-

quatre heures; et huit autres piles semblables réunies bout à bout, n'en ont produit dans le même temps que 120.

D'après ces résultats, il est évident que les effets de la pile, mesurés par la quantité de gaz que l'on obtient, sont bien éloignés d'augmenter dans le même rapport que le nombre des paires. Dans la première expérience, l'effet n'a pas été doublé, lorsque le nombre des paires est devenu double; il ne l'a été que quand ce nombre est devenu huit fois plus grand. La seconde, la troisième et la quatrième expérience ont donné des résultats qui ne s'écartent pas sensiblement de cette loi; car, dans la seconde expérience, par exemple, 15 paires ayant donné 87 parties, 120 paires ont donné 184 parties qui ne diffèrent pas beaucoup de $87 \sqrt[3]{8} = 174$; et dans les deux autres, la différence est encore moins sensible. Il paroît donc que les effets de la pile, mesurés par la quantité de gaz qu'elle produit, s'éloignent peu d'être proportionnels à la racine cubique du nombre des plaques.

25. On peut tirer de là une conséquence

très-importante. Supposons qu'une pile de
20 paires ait la faculté de décomposer un
corps tel que l'eau ; il est évident qu'il vau-
dra mieux faire agir des piles séparées, chacune de 20 paires, que de les réunir bout
à bout. Dans le premier cas, l'effet total sera
proportionnel au nombre des piles ; et dans
le second, il seroit seulement proportionnel à la racine cubique de ce nombre. Il y
a donc beaucoup de cas dans lesquels il est
préférable de n'employer que de petites
piles : il en est pourtant plusieurs dans lesquels on doit employer des piles très-
grandes ou formées d'un grand nombre de
paires ; on doit le faire surtout lorsqu'il
s'agit de séparer des élémens qui ne peuvent céder qu'à une force répulsive considérable.

L'emploi d'un grand nombre de paires
est encore nécessaire, lorsqu'un corps se
détruit facilement par le contact de l'air,
et qu'on veut s'en procurer de suite avec la
pile une quantité un peu considérable. Ainsi
on décompose bien la soude et la potasse
avec très-peu de paires ; mais le *potassium*
et le *sodium* s'oxident à mesure qu'ils pa-

roissent : et le seul moyen qu'on ait d'en prévenir sûrement l'oxidation, est de les combiner avec le mercure, comme le docteur Seebeck l'a fait le premier, en mettant l'extrémité du fil négatif en contact avec ce métal.

26. Il étoit essentiel de déterminer quel rapport il y a entre les effets de la pile et la surface des paires qui la composent : à cet effet, nous avons pris deux piles de 20 paires, dont la surface de l'une étoit à celle de l'autre comme 1 à 19,7. L'acide avec lequel elles ont été chargées, étoit composé d'environ 40 parties d'eau et 1 d'acide nitrique : celui de l'entonnoir étoit beaucoup plus fort ; il n'étoit étendu que de trois parties d'eau. La distance entre les plaques dans chaque pile n'étant pas exactement la même, nous avons pris la capacité des auges : et ayant trouvé que celle des petites étoit à celle des grandes comme 1 à 22,2, nous avons dû multiplier par $\frac{19,7}{22,2}$, l'effet de la grande pour le comparer à celui de la petite ; car il a été prouvé (17) que les effets d'une pile, toutes choses égales d'ailleurs, sont proportionnels à la quan-

tité d'acide employée pour la mettre en activité.

En faisant trois expériences consécutives avec la grande pile, chacune de quinze minutes, nous avons obtenu un volume gazeux de 43,67 centilitres, qu'on doit réduire, d'après ce qui précède, à 38,75. En faisant aussi trois expériences avec la petite pile, également de quinze minutes chacune, nous avons recueilli 1,88 centilitres de gaz. Or, si on divise les deux nombres 38,75 et 1,88, l'un par l'autre, on trouve 20,61 pour leur rapport : mais celui des surfaces est de 19,7 ; par conséquent, les effets de deux piles d'un égal nombre de paires, sont à peu près proportionnels à leur surface.

27. M. Wilkinson s'est occupé, avant nous, de mesurer les effets de la pile. Au lieu de les mesurer comme nous l'avons fait, par la quantité de gaz qu'elle dégage d'un liquide où plongent deux fils adaptés à ses pôles, il les a mesurés par la longueur de fil d'acier qu'elle peut brûler à chaque contact (1). On conçoit que, d'après cela,

(1) Journal of nat. philos. Vol. 7, in-8. p. 206 et 207.

il a dû être conduit à des résultats différens
des nôtres. Tantôt il a fait varier le nombre
des plaques sans en faire varier la gran-
deur ; et tantôt il en a fait varier la gran-
deur et le nombre de telle manière que
la surface totale des plus petites dans une
pile fut égale à la surface totale des plus
grandes dans une autre pile. Il a trouvé
dans le premier cas, que les effets de la pile
étoient proportionnels au nombre des plaques ; et dans le second, qu'ils étoient comme
les carrés des surfaces des plaques dont les
piles étoient composées. En effet, d'une
part, une pile de cent paires de quatre pouces
de côté, chargée avec de l'acide nitrique
étendu de vingt-cinq fois son poids d'eau,
a brûlé un demi-pouce de fil d'acier d'environ un soixante-dixième de pouce de
diamètre ; deux piles de cent paires, chacune de la même dimension, et chargée de
la même manière que la précédente en ont
brûlé un pouce ; quatre piles semblables
en ont brûlé deux pouces : et d'une autre
part, quatre cents paires de quatre pouces de
côté, en ont brûlé deux pouces, tandis que
cent paires de huit pouces de côté en ont

brûlé trente-deux pouces; donc, etc. On peut aussi conclure de là que la longueur des fils qui peuvent être brûlés par deux piles formées de plaques égales en nombre et différentes en surface, est comme le cube des surfaces des plaques; car si une pile de cent paires de huit pouces de côté, a brûlé trente-deux pouces de fil, une pile de quatre cents paires de même dimension en auroit brûlé cent vingt-huit, d'après la première loi établie par M. Wilkinson, c'est-à-dire, soixante-quatre fois plus que la pile aussi de quatre cents paires qui n'avoit que quatre pouces de côté ou une surface quatre fois moindre (1).

Ces expériences sont très-curieuses, mais elles ne sont pas toujours propres à faire

---

(1) Si on compare les résultats obtenus, l'un en faisant varier seulement le nombre des paires, et l'autre en en faisant varier la surface sans en faire varier le nombre, on verra que dans les deux cas la longueur du fil brûlé est comme le cube de la quantité de gaz dégagée; puisque, dans le premier cas, la longueur du fil brûlé est comme le nombre des paires, et la quantité de gaz comme la racine cube de ce nombre (24); et puisque, dans le second, la longueur du fil brûlé est comme le cube de la surface des plaques, et la quantité de gaz dégagée comme cette surface (26).

juger des effets d'une pile : par exemple,
si M. Wilkinson eût pris deux piles telles
que l'une eût pu fondre une certaine longueur de fil, et que l'autre n'en eût pu fondre aucune quantité, il eût trouvé entre les
énergies de ces deux piles, un rapport
infini ; ce qui, certainement, seroit un
résultat absurde. Il faut, quand il s'agit
de comparer les énergies de deux piles,
choisir un effet tel qu'il soit produit par
l'une et par l'autre, indépendamment du
nombre de leurs élémens, et qu'il ne varie
que par sa quantité.

Il sembleroit, d'après ces considérations,
que le moyen auquel nous avons donné la
préférence, la mérite réellement ; il seroit
seulement à desirer que nous eussions beaucoup plus multiplié nos premières expériences, pour donner plus de certitude à
nos résultats (1).

---

(1) M. Children a trouvé, avec de très-grandes plaques, des résultats qui s'éloignent beaucoup de ceux de
M. Wilkinson ; mais ces divers résultats ont été obtenus dans des circonstances trop différentes pour les
comparer. Bibl. Brit. vol. 43, p. 67.

Comparaison entre les effets chimiques et la tension électrique d'une pile montée avec divers liquides.

28. Nous avons comparé les effets d'une pile montée avec divers liquides à sa tension électrique, en employant vingt paires seulement, une balance de Coulomb, appartenant à l'Institut, et un condensateur très-sensible. Les communications, entre les diverses parties de l'appareil, ont été établies avec les mêmes précautions que M. Biot a prises dans un sujet de recherches semblables (1).

D'abord nous avons monté la pile avec de l'acide nitrique, parce que cet acide passant à l'état de sel par sa réaction sur le zinc et le cuivre, nous offroit l'avantage de pouvoir faire une double expérience presqu'en même temps, et par là de voir naître successivement et de saisir toutes les différences que deux liquides, l'un bon et l'autre mauvais conducteur, pouvoient

(1) Annales de Chimie, vol. 47, p. 5.

produire sur l'énergie chimique et électrique d'une pile.

Après un contact aussi court que possible entre le plateau supérieur du condensateur, et l'un des pôles de la pile, le condensateur s'est trouvé chargé, au point de pouvoir en retirer une étincelle très-visible. Alors, l'ayant chargé de nouveau, il a donné, dans une première expérience, une divergence de 91 degrés, à la balance de Coulomb, dont le quart de cercle est divisé en 100 degrés. Dans une seconde expérience faite à cinq minutes d'intervalle de la première, la divergence a été de 92 degrés; dans une troisième, elle a été de 90 degrés; et dans une quatrième, de 91 degrés. La pile étoit montée depuis plus d'une demi-heure, et sa tension électrique étoit toujours la même. Ce n'est qu'au bout de trois quarts d'heure environ, qu'elle a commencé à diminuer peu à peu. Au bout de trois heures, elle étoit encore de 79 degrés; mais le lendemain elle étoit bien au-dessous de ce nombre. Dans tous les cas, elle a été mesurée comme nous l'avons dit tout à l'heure, c'est-à-dire, par

un contact aussi court que possible entre
le condensateur et l'un des pôles de la pile.
Ainsi la tension s'est soutenue pendant
trois quarts d'heure au même degré; et cependant l'action chimique n'a duré que
vingt minutes : du moins après cet espace de
temps, cette action étoit presqu'entièrement
détruite.

29. Ces résultats pouvoient d'abord paroître contradictoires; car la tension sem-
blant diminuer à mesure que la saturation
de l'acide nitrique avoit lieu, on devoit
être porté à croire que cet acide avoit
plus d'influence sur cette tension et par
conséquent sur l'action chimique, à l'état
pur qu'à l'état de nitrate; mais d'un autre
côté, la pile n'avoit pas changé de tension
pendant trois quarts d'heure, et son action
avoit été épuisée en vingt minutes.

Cependant il étoit possible d'expliquer
cette sorte d'anomalie, en admettant que
lorsque l'action chimique de la pile étoit
épuisée, la durée du contact du condensateur avec l'un de ses pôles avoit une influence très-sensible sur la quantité d'électricité que le condensateur prenoit. C'est,

en effet, ce qui a lieu et ce que nous avons reconnu dans un grand nombre d'expériences faites avec divers liquides. Voici le tableau de ces expériences : on est prévenu que le contact dont la durée entre le condensateur et la pile n'est point indiquée dans le tableau, a été instantané.

PILE MONTÉE avec l'acide nitrique très-foible.	PILE MONTÉE avec le sulfate de soude.	PILE MONTÉE avec un mélange de sulfate de soude et d'acide nitrique.
82 °	69 °	82 °
88 en 2'	84 en 2'	101 en 2'
79	68	77
97 en 3'	85 en 2'	97 en 2'
71	67	101 en 5'
80 en 2'	77 en 2'	74
32	60	99 en 5'
34 en 2'	68 en 2'	69
16	La pile montée avec le sulfate de soude s'est soutenue beaucoup plus long-temps qu'avec l'acide nitrique.	90 en 5'
20 en 2'		68

30. Puisque la durée du contact du condensateur avec la pile influe très-sensiblement sur la mesure de la tension électrique, et que plus elle est prolongée, plus la ten-

sion paroît grande, il est évident que cela
dépend de la conductibilité plus ou moins
grande des liquides employés; car si ces liquides laissoient passer librement le fluide
électrique, un contact infiniment court suffiroit pour charger complétement le condensateur. Or, lorsqu'on emploie l'acide
nitrique qui est bien meilleur conducteur qu'un sel, il arrive, surtout au commencement de l'expérience que le fluide
électrique trouvant infiniment moins d'ob-
stacle dans son mouvement, que s'il traversoit une dissolution saline, se renouvelle
incomparablement plus vite que lorsque
l'acide est saturé. De là une charge beaucoup plus prompte du condensateur, et une
décomposition d'eau beaucoup plus rapide.
Ainsi quoique la tension de deux piles,
dont l'une est montée avec un acide, et
l'autre avec un sel soit la même, il passera
dans un temps donné plus de fluide électrique dans le premier cas que dans le second,
et par conséquent leurs effets seront très-
différens.

31. Néanmoins, on ne peut pas expliquer tous les phénomènes de la pile par la

conductibilité des liquides avec lesquels on
la charge. En effet, si l'on prend une dissolution de sulfate de soude, assez concentrée pour qu'elle soit meilleur conducteur
que de l'acide nitrique très-foible, du moins
à en juger par la quantité de gaz qu'on ob-
tiendra de chacun de ces liquides, au moyen
de deux fils, l'un positif et l'autre négatif,
la pile chargée avec l'acide sera plus énergique que chargée avec le sel. Cette différence d'énergie nous paroît dépendre de ce
que ni le sulfate de soude, ni l'acide nitrique, ne se décomposent, lorsqu'ils sont
hors de la pile et seulement en communication avec elle par deux fils de platine
adaptés à ses pôles (12); et de ce qu'au
contraire ils se décomposent tous deux plus
ou moins promptement, lorsqu'ils sont dans
les auges même de la pile; car, dans le
premier cas, l'effet est simple et dû tout
entier soit au sulfate de soude, soit à l'acide
nitrique; au lieu que, dans le second, il est
complexe, et dû non-seulement au sulfate
de soude ou à l'acide nitrique, mais encore aux produits de leur décomposition.
Or, on sait que les corps combustibles et

les oxides, ou bien l'hydrogène et les alcalis, etc. sont attirés vers les surfaces négatives; que l'oxigène et les acides le sont
vers les surfaces positives, et que chacun
de ces corps dépose sur ces surfaces la
quantité d'électricité qui lui est propre
sans qu'il en résulte aucun changement
dans celle qui est naturelle à la pile: par conséquent, l'acide nitrique se décomposant
plus facilement que le sulfate de soude et
donnant naissance à des produits qui trans-
mettent facilement l'électricité d'une surface à l'autre, devient meilleur conducteur que ce sel, et doit rendre les effets de
la pile plus énergiques. En général, on
pourra en dire autant de tout autre acide
très-étendu d'eau, par rapport à tout autre
sel en dissolution concentrée, et concevoir
de la même manière les différens phénomènes qu'ils pourront présenter avec la pile.
Telle est aussi à peu près l'explication que
M. Davy donne de l'influence chimique des
conducteurs humides dans son excellent
mémoire *on some chemical agencies of elec-
tricity*, et il nous paroît que cette explication est la plus satisfaisante. Ainsi, toutes

choses égales d'ailleurs, l'énergie chimique d'une pile dépend de sa tension, de la conductibilité des liquides avec lesquels on la charge, et de leur facile décomposition.

ACTION DE LA GRANDE BATTERIE SUR DIVERS CORPS.

32. Nous venons d'exposer les principales circonstances qui font varier l'énergie d'une pile. Maintenant nous allons parler des essais que nous avons faits avec notre batterie de six cents paires, chacune de neuf décimètres de surface. Ces essais sont très-nombreux : cependant nous n'avons obtenu qu'un petit nombre de résultats intéressans, parce que les piles à petites plaques, étant susceptibles, ainsi que nous l'avons reconnu, de produire dans presque toutes les circonstances les mêmes effets que les piles à grandes plaques, il s'est trouvé qu'on avoit fait avec les premières, soit en Angleterre, soit en Allemagne, tout ce que nous aurions pu espérer de faire avec les secondes. Ce que nous avons à dire des effets de notre grande batterie, sera donc

fort court : ce seroit abuser de la bienveil-
lance de nos lecteurs, que de rapporter
ici une multitude de résultats qu'ils con-
noissent.

33. Le liquide avec lequel nous avons
ordinairement chargé notre grande batterie pour nos expériences, étoit de l'eau tenant en dissolution 9 à 10 centièmes de
muriate de soude et $\frac{1}{70}$ d'acide sulfurique
concentré.

La commotion que cette batterie donne
est insupportable et même dangereuse,
lorsqu'on a les mains mouillées d'acide ou
de sel en dissolution, et armées d'un ci-
lindre métallique. L'un de nous qui l'a reçue s'en est ressenti pendant plus de vingt-
quatre heures, et a éprouvé, pendant tout
ce temps, une très-grande foiblesse dans
les bras. Quoique cette commotion soit si
forte, elle n'est point sensible au milieu
d'une chaîne composée de quatre à cinq
personnes. Elle ne l'est qu'aux extrémités
de cette chaîne; encore la ressent-on beaucoup plus dans le bras et la partie du
corps qui avoisinent la pile, que dans le bras
et l'autre partie du corps qui en sont éloi-

gnés. On sait, au contraire, qu'une petite bouteille de Leyde fortement chargée, et renfermant, malgré cela, bien moins de fluide que notre grande batterie, donne la commotion à un grand nombre de personnes, à la vérité avec différens degrés d'intensité. Ces effets dépendent évidemment du degré de tension électrique, qui est très-foible dans une pile de six cents paires relativement à ce qu'il peut être dans une bouteille de Leyde ; d'ailleurs, ils sont propres à prouver qu'il n'y a pas réellement circulation du fluide électrique dans toute la chaîne, au moins comme on l'entend ordinairement dans la théorie de Franklin, et que la décharge ne s'opère que par des décompositions et des recompositions successives de ce fluide.

Une batterie de six cents paires, chacune de quarante-huit centimètres de surface, donne aussi une commotion extrêmement forte. Quoiqu'il soit difficile de comparer exactement cette commotion avec celle de notre grande batterie, il nous a paru, que, toutes circonstances égales d'ailleurs, elle étoit moins désagréable. Nous n'en tirerons aucune conséquence; nous ferons remarquer seulement, qu'il seroit bien extraordinaire que deux piles ayant une même tension électrique et des surfaces très-inégales, se comportassent autrement entre elles qu'une bouteille de Leyde et un assemblage de bouteilles, chargées au même degré.

34. Nous avons acquis avec la grande batterie une nouvelle preuve que l'eau pure est un mauvais conducteur, comme Cavendish l'a fait voir depuis long-temps; car au moyen de cette batterie et de deux fils de platine qui communiquoient avec ses pôles, nous avons tiré dans l'eau même des étincelles très-sensibles. Ce qu'il y a de vraiment remarquable dans cette expérience, c'est qu'il ne se dégage qu'une quantité de gaz à peine appréciable, si l'eau est bien pure; et qu'il s'en dégage des torrens pour peu qu'elle contienne d'acide.

35. La potasse et la soude exposées à l'action de la grande batterie s'échauffent, se fondent et se décomposent avec la plus grande rapidité : le *potassium* et le *sodium* qui en résultent, brûlent à mesure en for-

mant des jets enflammés qui imitent une gerbe d'artifice; et ce n'est que lorsque l'action des piles est ralentie qu'on en obtient quelques globules. Vingt minutes après que la batterie a été chargée, quoique sa tension soit encore la même, quoique les commotions qu'elle donne soient excessivement fortes, on n'obtient plus de décomposition des alcalis; et cependant on l'opère facilement avec une pile récemment chargée de quatre-vingts paires, vingt fois plus petites que celle de la grande batterie.

36. La barite fondue soumise à l'action de la grande batterie présente des phénomènes remarquables. Des étincelles s'élancent de sa surface vers le fil négatif, et disparoissent en formant une fumée très-âcre et très-dangereuse à respirer. Si l'on établit, au moyen du mercure, une communication entre cette base et le fil négatif, on obtient promptement un amalgame qui décompose l'eau avec effervescence et la rend alcaline. Cette expérience offre un phénomène qu'il est bon de faire connoître : chaque fois qu'on touche le mercure avec l'un des fils positif ou négatif, pendant que

I. 4

l'autre est en contact avec ce métal, il en résulte une étincelle blanche très-brillante et une forte explosion due à de la vapeur mercurielle. De là on peut croire que pour décomposer la barite au moyen du mercure, il n'y auroit pas d'avantage à employer de très-fortes batteries, parce qu'on risqueroit de perdre une partie de l'amalgame formé. Une pile de cent paires de sept à huit centimètres de côté, est suffisante pour cette décomposition : c'est même avec des piles assez foibles et toujours à l'aide du mercure, que le docteur Séebeck l'a faite le premier, et a décomposé les autres bases; et c'est en distillant les amalgames formés ainsi, que M. Davy est parvenu à retirer de plusieurs, le métal particulier qu'ils contenoient.

37. La strontiane et la chaux soumises directement à l'action de la grande batterie, n'ont point donné des signes bien évidens de décomposition. A la vérité, nous avons souvent aperçu des traînées lumineuses sur la chaux, vers le fil négatif; mais il nous a semblé qu'elles provenoient d'un phénomène électrique plutôt que de la com-

bustion d'un métal particulier. Il n'en est
pas de même lorsque, dans ces expériences, on se sert du mercure pour intermède;
on obtient promptement des amalgames qui
projetés dans l'eau la décomposent et la rendent alcaline. Les sels à base de strontiane
et de chaux, ainsi que ceux à base de potasse, de soude et de barite, sont aussi très-
facilement décomposés par ce moyen, même
avec de petites piles. La manière qui nous
a le mieux réussi dans tous les cas, consiste
à faire une pâte très-épaisse avec le sel qu'on
veut décomposer et une certaine quantité
d'eau, et à former avec cette pâte une petite
coupe destinée à recevoir un globule de
mercure : la coupe repose sur une lame de
platine communiquant avec le fil positif,
et le fil négatif plonge dans le mercure.

38. La magnésie résiste à l'action la plus
énergique de la grande batterie, même au
moyen du mercure. Combinée avec l'acide
sulfurique ou bien à l'état de sulfate pur,
elle y résiste encore; du moins elle n'offre
que de foibles indices de décomposition.
Quant aux terres, quoique les essais du
docteur Séebeck, et par suite ceux de

MM. Berzelius et Davy portent à les faire regarder comme des oxides, et que cela soit
extrêmement probable, nous n'avons pu en
acquérir nous-mêmes aucune preuve dé-
cisive.

39. Nous savons que nous n'avons pas
obtenu le *maximum* d'effet de la grande
batterie, en ne la montant qu'avec de l'a-
cide sulfurique foible, et que nous l'eussions rendue beaucoup plus énergique en la
montant avec de l'acide nitrique. Mais
nous avons pensé que nous devions remettre à une époque plus éloignée ces expériences qui ne nous promettoient aucuns
résultats importans, pour en faire avec le
potassium et le *sodium* un grand nombre
d'autres qui ne devoient point être sans
succès.

EXPÉRIENCES SUR LA PRODUCTION D'UN
AMALGAME PAR L'AMMONIAQUE ET LES
SELS AMMONIACAUX (1).

40. Les premières recherches faites sur

_____

(1) Lu à l'Institut national le 18 septembre 1809.

cet objet, sont dues au docteur Séebeck de Iéna. C'est lui qui découvrit dans les premiers mois de l'année 1808, que le carbonate d'ammoniaque solide et légèrement humecté, pouvoit, comme la potasse et la soude, transformer le mercure en un véritable amalgame, en disposant ces substances de telle sorte que le mercure touchât le pôle négatif, et que le sel touchât le pôle positif. Les expériences de M. Séebeck sont consignées dans le *Journal de Gehlen*, et rapportées par extrait dans les *Annales de Chimie* (n° 197, mai 1808, p. 191). Il en résulte que l'amalgame fait avec le carbonate d'ammoniaque est mou, beaucoup plus volumineux que ne l'est le mercure qui en fait partie, qu'il fait une légère effervescence avec l'eau, et qu'à mesure que l'effervescence a lieu, l'eau devient alcaline et le mercure coulant. D'ailleurs, M. Séebeck n'est entré dans aucun détail sur la théorie qui peut expliquer ces faits; il s'est contenté de les exposer, et c'est aussi ce qu'a fait M. Trommsdorf en répétant les expériences de M. Séebeck.

41. MM. Berzelius et Pontin sont les pre-

miers qui aient donné une explication de
l'amalgame ammoniacal. Convaincus que
la potasse et la soude étoient des oxides
métalliques, ils se sont persuadés qu'il devoit en être de même de l'ammoniaque,
et que l'amalgame ammoniacal n'étoit autre
chose qu'une combinaison de mercure et
du métal de l'ammoniaque. (*Bibliothèque
britannique*, n° 323, 324, juin 1809,
p. 122.)

42. On conçoit facilement que la production d'un amalgame avec l'ammoniaque devoit vivement fixer l'attention de
M. Davy : aussi l'a-t-il examiné dès que
M. Berzélius le lui eut fait connoître. Son
premier soin a été de chercher un procédé
pour l'obtenir facilement. Il a essayé successivement l'ammoniaque à la manière
des chimistes suédois, le carbonate d'ammoniaque à la manière de Séebeck, et ensuite le muriate d'ammoniaque; il a préféré ce dernier sel comme donnant plus facilement des résultats. Pour en rendre l'emploi commode, il en a fait un creuset ou
petite coupelle, qu'il a légèrement humecté;
il l'a placé sur une lame de platine, adaptée

au pôle positif; ensuite il y a versé trois grammes de mercure qu'il a fait communiquer par un fil au pôle négatif; et tout étant ainsi disposé, il a mis la pile en activité. A peine le fluide commençoit-il à passer, qu'il voyoit le mercure augmenter considérablement de volume, s'épaissir au point de former un solide mou ressemblant à l'amalgame mou de zinc, et souvent offrir des ramifications qui, lorsqu'elles se rompoient, disparoissoient rapidement en lançant une fumée d'odeur ammoniacale, et reproduisant le mercure coulant.

43. Les propriétés que M. Davy a reconnues à cet amalgame, sont les suivantes, dont plusieurs ont été observées par M. Séebeck ou par MM. Berzelius et Pontin. Cet amalgame est un solide en consistance de beurre à la température de 21 à 26° centigrades. Soumis pendant quelque temps à la température de la glace fondante, il acquiert une assez grande dureté, et cristallise en cubes quelquefois aussi beaux et aussi gros que ceux de bismuth. Sa pesanteur spécifique est en général au-dessous de 3, et son volume cinq fois aussi grand que celui du

mercure qu'il contient. Exposé au contact de l'atmosphère, il se couvre d'une poudre blanche de carbonate d'ammoniaque. Mis en contact avec un volume donné d'air, ce volume augmente très-sensiblement; il se produit une quantité d'ammoniaque qui égale une fois et demie celui de l'amalgame, et il disparoît une quantité d'oxigène qui équivaut à $\frac{1}{7}$ ou $\frac{1}{8}$ de l'ammoniaque dégagée. Jeté dans l'eau, il s'en dégage un volume d'hydrogène à peu près égal à la moitié du sien; l'eau devient une solution foible d'ammoniaque, et le mercure reprend son état ordinaire. Traité par le gaz acide muriatique, il y a dégagement d'hydrogène, et formation de muriate d'ammoniaque. Traité par l'acide sulfurique, il se forme du sulfate d'ammoniaque et il se dépose du soufre. Versé dans le naphte, il se décompose sur-le-champ avec dégagement d'ammoniaque et d'hydrogène: versé dans d'autres huiles, il se décompose également; il y a production d'un savon ammoniacal et toujours dégagement d'hydrogène.

Il existe donc les plus grands rapports entre l'amalgame ammoniacal et les amalgames des métaux de la potasse et de la soude. M. Davy en est frappé, et croit, d'après cela, comme MM. Berzelius et Pontin, que l'amalgame ammoniacal est une combinaison de mercure et d'un métal particulier, base de l'ammoniaque, auquel il propose de donner le nom d'*ammonium*.

Il cherche à obtenir ce nouveau métal, en distillant cet amalgame dans des vases à l'abri du contact de l'air; mais de quelque manière qu'il s'y prenne, quelqu'effort qu'il fasse, il n'en retire jamais que du mercure, de l'hydrogène et de l'ammoniaque : cependant il n'en persiste pas moins dans son opinion; il la soutient en attribuant à une quantité d'eau imperceptible, la destruction de l'*ammonium*, et en expliquant de cette manière comment on obtient de l'hydrogène et de l'ammoniaque dans cette distillation.

44. Ainsi l'ammoniaque n'est plus, pour M. Davy, un composé d'azote et d'hydrogène, puisqu'il admet un oxide métallique au nombre de ses principes constituans, et qu'il regarde l'azote comme un oxide formé d'oxigène et d'hydrogène. Cet

alcali n'est plus à ses yeux qu'un véritable oxide métallique hydrogéné.

45. Quelque singulières que soient ces idées sur la nature de l'ammoniaque, c'est en les suivant, qu'il a été conduit à faire une expérience très-curieuse, mais à laquelle on peut être conduit d'une manière bien plus directe encore.

Après avoir fait une combinaison liquide de mercure et de métal de la potasse, à la température ordinaire, il l'a versée dans une petite coupelle de sel ammoniac légèrement humecté; et tout aussitôt sans l'influence électrique, l'amalgame s'est épaissi, et a pris un volume 6 à 7 fois plus considérable que celui qu'il avoit. Ce nouvel amalgame jouit des mêmes propriétés que le précédent, et M. Davy a trouvé qu'il n'en diffère qu'en ce qu'il contient une beaucoup plus grande proportion d'*ammonium*, et qu'il est plus permanent; en sorte qu'on peut le conserver long-temps dans des tubes fermés et dans l'huile ou le naphte.

46. Tous ces résultats sont d'une si haute importance, qu'on ne pouvoit mettre trop d'intérêt à les vérifier : cette vérification

même étoit d'autant plus nécessaire, que
la théorie à laquelle ils ont donné lieu, est
plus extraordinaire.

D'abord nous avons répété, tels qu'ils ont
été décrits, tous les procédés relatifs à la
production d'un amalgame par l'influence
électrique, et nous avons vu que tout ce
qu'on en dit est de la plus grande exacti-
tude. On réussit avec une solution d'ammoniaque, mais beaucoup moins bien, qu'a-
vec le carbonate ou le muriate d'ammoniaque solide et légèrement humecté; de
même qu'on réussit beaucoup mieux en
employant ces sels dans cet état qu'en les
employant dissous. On peut aussi, au lieu
de ces sels, employer avec le même succès
tout autre sel ammoniacal; du moins c'est
ce que nous avons constaté en nous servant
de sulfate et de phosphate d'ammoniaque.
En général l'acide du sel et l'oxigène de
l'eau sont transportés au pôle positif, et il
se rassemble à ce pôle tant d'acide muriatique oxigéné lorsqu'on se sert de muriate
d'ammoniaque, qu'il est difficile de respirer l'odeur qui s'en exhale. On aperçoit au
contraire à peine quelques signes d'efferves-

cence au pôle négatif; mais si on ôte le
mercure, il y en a alors une très-vive,
d'où l'on peut déjà conclure que les gaz
qui se dégagent dans ce cas, se combinent
avec le métal dans le premier. Deux piles
de cent paires, chaque paire ayant cinquante
centimètres carrés de surface, sont plus que
suffisantes pour réussir complètement.

47. Nous avons également répété avec
succès le procédé au moyen duquel on fait
l'amalgame d'ammoniaque sans l'influence
électrique. M. Davy ne s'est servi, pour produire cet amalgame, que de muriate d'ammoniaque; mais on peut se servir d'un sel
ammoniacal légèrement humecté et même
dissous dans l'eau. Il n'y a même pas de
choix à faire; tous sont également bons lorsqu'on les place dans les mêmes circonstances : à peine le contact a-t-il lieu, que
l'amalgame augmente considérablement de
volume, et prend la consistance du beurre.

48. Après avoir, ainsi que nous venons
de le dire, reproduit l'amalgame ammoniacal, nous nous sommes occupés de rechercher des moyens pour en déterminer la nature. Les plus directs et les plus exacts que

nous ayons trouvés, sont de bien sécher
l'amalgame aussitôt qu'il est fait, de le
verser dans un petit flacon de verre long et
étroit, bien sec et rempli d'air, et de l'y
agiter pendant quelques minutes; par ce
moyen, on le détruit sur-le-champ. Les corps
qui le constituent, se séparent, et repren-
nent leur état ordinaire : l'un de ces corps
est déjà connu, c'est le mercure, qu'on
voit tout de suite redevenir liquide et très-
dense; les deux autres sont, l'hydrogène et
l'ammoniaque qui repassent à l'état de gaz,
se mêlent avec l'air du flacon sans l'altérer
en aucune manière, ainsi que nous nous
en sommes assurés au moyen de l'eudiomètre de Volta. On doit donc conclure de
là, que l'amalgame ammoniacal formé de
mercure, d'hydrogène et d'ammoniaque,
ne peut exister que sous l'influence électrique, et que par conséquent ses principes
constituans ont peu d'affinité les uns pour
les autres.

49. Il n'en est pas de même de celui qu'on
fait avec l'amalgame du métal de la potasse :
il peut exister par lui-même, tant qu'il
contient du métal de la potasse; mais aussitôt

que ce métal est détruit, il disparoît presque subitement. On en conçoit d'ailleurs
facilement la formation; en effet, lorsqu'on
met en contact l'amalgame du métal de la
potasse avec un sel ammoniacal légèrement
humecté, une portion de ce métal, par
sa réaction sur l'eau et le sel, met à nu de
l'hydrogène et de l'ammoniaque qui, étant
à l'état naissant, sont absorbés par l'amalgame, en sorte que celui-ci se forme et grossit
à vue d'œil. Ainsi le métal de la potasse fait
donc ici ce que faisoît l'électricité précédemment.

5o. Ces expériences suffisent sans doute
pour prouver que l'amalgame d'ammoniaque n'est point une combinaison de mercure et d'un métal, base de l'ammoniaque;
car s'il n'en étoit pas ainsi, où ce métal au-
roit-il pris l'oxigène nécessaire pour réfor-
mer l'ammoniaque? Est-ce dans l'air,
comme le prétend M. Davy; mais nous avons
fait voir précédemment que l'air n'est point
décomposé par l'amalgame d'ammoniaque:
est-ce dans un peu d'eau qui pourroit rester adhérente à l'amalgame, comme le prétend encore M. Davy; mais l'amalgame

ayant la consistance de beurre, on peut n'en prendre que les portions intérieures, en abaissant sa température à zéro, et les résultats sont encore les mêmes. D'ailleurs cet amalgame versé dans une petite cloche pleine d'acide muriatique oxigéné liquide, et bouchée avec le doigt, donne de l'hydrogène.

51. Quoique ces expériences soient concluantes, nous en rapporterons encore une contre laquelle on ne sauroit faire la plus légère objection.

Après avoir fait un amalgame liquide de potassium, nous l'avons versé dans une grande coupelle de sel ammoniac humecté; et nous avons obtenu sur-le-champ par le procédé qui est dû à M. Davy, une combinaison très-volumineuse et très-consistante de *potassium* et d'amalgame ammoniacal. Alors en ayant enlevé avec un couteau toute la partie supérieure, nous avons pris les parties intérieures avec une cuiller de fer bien sèche, et nous les avons mises aussitôt dans un tube presque plein de mercure qu'on avoit fait bouillir auparavant. Ensuite ayant bouché avec un obturateur bien sec, ce tube qui se trouvoit rempli de mercure et de la combinaison de l'amalgame ammoniacal avec le *potassium*, on l'a renversé dans du mercure également bien sec : l'amalgame s'est élevé au-dessus, et s'est décomposé presqu'aussitôt surtout au moyen d'une légère agitation. Mais à mesure que la décomposition s'en faisoit, il s'en dégageoit une quantité assez considérable de gaz ; et ce gaz s'est toujours trouvé être un mélange de gaz ammoniac et de gaz hydrogène, dans le rapport, à très-peu de chose près, de 2,5 à 1. Or, dira-t-on que le mercure ou nos vases étoient humides ? nous prouverons que non ; car, en y versant de l'amalgame de *potassium* au lieu d'une combinaison d'amalgame ammoniacal avec le *potassium*, il ne s'est dégagé aucun gaz : ou dira-t-on que l'intérieur de l'amalgame ammoniacal avec le *potassium*, contient une petite quantité d'eau ? mais cela est impossible, puisque l'eau et le *potassium* ne peuvent point exister ensemble : ou bien enfin, dira-t-on que nous ne pouvons pas parvenir à enlever exactement avec un couteau, les portions extérieures de la combinaison de l'amalgame ammoniacal avec le *potas-*

sium? mais l'expérience est si facile à faire, qu'on ne peut jamais la manquer, et on en explique facilement le résultat : c'est que le *potassium* se combinant avec une très-grande quantité de mercure, se dissémine, et ne peut plus réagir assez fortement sur l'ammoniaque et l'hydrogène pour les unir, en sorte que l'amalgame ammoniacal de *potassium* se trouve dans ce cas soumis aux mêmes lois que celui qui est seulement formé de mercure, d'ammoniaque et d'hydrogène, et qui ne peut exister que sous l'influence électrique.

52. Maintenant qu'il est prouvé que l'amalgame d'ammoniaque ne peut exister sans l'influence électrique, et qu'il est composé de mercure, d'hydrogène et d'ammoniaque, il est facile de prévoir *à priori*, comment il se comportera avec les autres corps ; il est évident qu'il se décomposera toujours, et que ses principes agiront sur ces corps comme ils y agissent dans leur état de liberté. On pourroit croire, à la vérité, que l'hydrogène de cet amalgame seroit capable de produire des décompositions qu'il ne produit point ordinairement ; mais on sera

convaincu qu'il ne jouit pas de cette propriété, si on se rappelle qu'il donne de l'hydrogène même avec l'acide muriatique oxigéné.

Cependant, il est des corps qui décomposent l'amalgame d'ammoniaque beaucoup
plus promptement que d'autres; ce sont
ceux qui sont très-légers, et dont les molécules sont très-mobiles : tels sont l'éther
et l'alcool; à peine le contact a-t-il lieu,
qu'il en résulte une effervescence extrêmement vive, et que le mercure reprend
son état ordinaire. Le mouvement produit
dans ce cas par le déplacement des molécules du liquide, est la cause pour laquelle
la décomposition est si prompte. Aussi, cet
amalgame se conserve-t-il pendant quelques minutes dans l'air, lorsqu'il y a repos
absolu, et s'y détruit-il sur-le-champ, lorsqu'on l'y agite; et c'est encore de cette manière qu'il se comporte avec l'eau, et surtout avec l'acide sulfurique. Il n'est point
douteux qu'il ne se détruisît instantanément
dans le vide; mais il n'est point certain qu'une
forte pression pût maintenir ses principes
réunis : c'est une expérience curieuse et

que nous eussions tentée, si l'amalgame en se détruisant et occupant un volume quatre à cinq fois plus petit, ne la rendoit pas très-difficile à faire. D'ailleurs, il nous a semblé qu'après avoir reconnu les différens principes de l'amalgame, ce qu'il y avoit de mieux à faire étoit d'en déterminer la proportion.

Détermination de la quantité d'hydrogène, contenue dans l'amalgame d'ammoniaque.

53. On a pris 3,069 gr. de mercure; on les a mis dans une petite coupelle de muriate d'ammoniaque au pôle négatif; et lorsque leur volume a été environ quintuplé, on les a jetés dans un verre conique plein d'eau où avoit été mise d'avance une petite cloche qui en étoit remplie elle-même. D'abord, on a laissé dégager les bulles d'air qui pouvoient être adhérentes au culot d'amalgame en tenant la cloche près des parois du verre; puis on l'a soulevée: le culot est tombé, et tout le gaz hydrogène en provenant, s'est rassemblé peu à peu dans la par-

tie supérieure de cette cloche. Six culots
d'amalgame faits chacun avec la même
quantité de mercure (3,069 gr.) et traités
successivement de cette manière, ont produit une quantité d'hydrogène, telle que le
mercure absorbe 3,47 fois son volume de
ce gaz, pour passer à l'état d'amalgame
mou. Pour éviter toute source d'erreur, le
volume du mercure employé et celui de
l'hydrogène recueilli, ont été mesurés dans
le même tube parfaitement gradué. Une
seconde expérience faite également sur six
culots d'amalgame mou, ayant donné des
résultats qui diffèrent à peine de ceux de
la première, on doit les regarder comme
très-exacts, ou au moins comme approchant
beaucoup de la vérité. Il pourroit pourtant
arriver qu'en répétant ces expériences, on
trouvât d'autres nombres que les nôtres;
et cela auroit nécessairement lieu, si on ne
faisoit point l'amalgame de manière à l'obtenir mou, ou de manière que le mercure
qui en fait partie, quintuplât au moins de
volume.

Détermination de la quantité d'ammonia-
que contenue dans l'amalgame d'am-
moniaque.

54. Nous avons cru d'abord qu'en amal-
gamant une quantité donnée de mercure ;
qu'en pesant l'amalgame, et qu'en en retran-
chant le poids connu du mercure et de l'hydrogène qu'il contenoit, nous aurions,
d'une manière exacte, la quantité d'ammoniaque faisant partie de cet amalgame :
mais nous avons bientôt reconnu que ce
moyen d'analyse étoit très-inexact, 1°. parce
qu'avant d'avoir bien essuyé l'amalgame,
il est à moitié détruit; 2°. parce que cet
amalgame déplace un volume d'air dont il
est difficile de tenir compte; 3°. enfin, parce
qu'en l'introduisant dans le flacon, le gaz
hydrogène et le gaz ammoniac qui s'en
dégagent, prennent encore la place d'une
quantité d'air qu'on ne peut évaluer, et
qui doit nécessairement apporter de grandes
erreurs dans les résultats. Voilà pourquoi
les pesées sont toutes différentes les unes des
autres. L'une nous a donné, pour 3,069 gr.

de mercure , une augmentation de deux
milligrammes ; une autre nous en a donné
une de 3 milligrammes ; une troisième nous
en a donné une de 4 milligrammes et demi,
et une quatrième ne nous en a donné une
que d'un seul milligramme. Il seroit même
possible qu'on éprouvât une perte de poids,
puisque l'air du flacon est remplacé par
du gaz hydrogène et du gaz ammoniac.

55. Forcés par toutes ces raisons , de
renoncer à ce moyen d'analyse , nous avons
employé le suivant, qui nous paroît préférable. Connoissant la quantité d'hydrogène que contient l'amalgame ammoniacal , et ne pouvant douter que l'hydrogène et l'ammoniaque ne soient en rapport constant dans cet amalgame , nous
nous sommes servis de ce rapport pour déterminer toute la quantité d'ammoniaque
qu'il contient. Pour cela , nous avons transformé en amalgame 3,069 gr. de mercure,
et après les avoir bien séchés avec du papier
Joseph , nous les avons introduits de suite
dans une petite cloche bien sèche , au quart
pleine de mercure ; et tout de suite aussi,
en posant le doigt sur l'orifice de la cloche,

nous avons agité le tout pendant quelques
minutes : par ce moyen, la portion d'amalgame qui existoit encore a été décomposée
en restituant à l'état de gaz l'hydrogène et
l'ammoniaque qu'il contenoit : aussi, au
moment où, après avoir plongé la petite
cloche dans le mercure, on la débouchoit,
voyoit-on le mercure baisser. On a fait trois
autres expériences semblables à celle-ci,
afin d'avoir des résultats plus marqués ;
après chaque expérience, on a toujours fait
passer les gaz dans un même tube gradué
bien sec et plein de mercure ; et les ayant
tous ainsi réunis dans ce tube, on a déterminé la quantité d'ammoniaque qu'ils contenoient en les agitant avec de l'eau ; ensuite,
pour connoître très-exactement la quantité
d'hydrogène qu'ils pouvoient contenir, et
qui se trouvoit mêlé avec beaucoup d'air
dans le résidu, on l'a brûlé dans l'eudiomètre de Volta, mais en y ajoutant de l'hydrogène et de l'oxigène en quantité connue,
afin d'en rendre la combustion complète
et plus facile. Nous avons trouvé ainsi, que
dans ces gaz l'ammoniaque étoit à l'hydrogène, comme 28 à 23. Or, comme nous

savons que le mercure, pour passer à l'état d'amalgame mou, absorbe 3,47 fois son volume d'hydrogène, il s'ensuit que pour passer à ce même état, il absorbe en même temps 4,22 fois son volume de gaz ammoniac : par conséquent le mercure, pour passer à l'état d'amalgame, augmente d'environ 0,0007 de son poids, tandis que d'après les premières expériences de M. Davy, il n'augmenteroit que de $\frac{1}{12000}$; et cette augmentation est même ici portée au *minimum*, parce qu'il est très-possible que dans le cours de notre expérience, il y ait eu une portion d'ammoniaque absorbée (1). Quoique cette augmentation soit très-petite, elle paroîtra suffisante pour expliquer la

___

(1) Ce qui tendroit à le faire soupçonner, c'est que dans l'amalgame ammoniacal fait au moyen du potassium, l'ammoniaque est à l'hydrogène comme 2,5 est à 1 (51); et que dans l'expérience qui nous a conduits à ce résultat, il n'a pu y avoir d'absorption d'ammoniaque. Si on admet ce rapport, et si on suppose que dans cet amalgame il y ait autant d'hydrogène que dans celui qu'on obtient par l'électricité (53), il s'ensuit que le mercure peut prendre jusqu'à 3,47 fois son volume de gaz hydrogène, et 8,67 fois son volume de gaz ammoniac; et que par conséquent son poids augmente de $\frac{1}{1518}$.

formation de l'amalgame, si on observe que l'hydrogène et l'ammoniaque sont des corps très-légers, et que n'étant retenus dans cet amalgame que par une très-foible affinité, ils ne sont presque pas plus condensés que dans leur état de liberté.

SECONDE PARTIE.

De la préparation du Potassium et du Sodium, et des phénomènes qu'ils présentent avec les divers corps de la nature.

DE LA PRÉPARATION DU POTASSIUM.

56. La préparation du *potassium* consiste à mettre en contact le fer et la potasse, à une très-haute température. On doit donc d'abord se procurer ces deux substances, sous la forme et dans l'état qui conviennent le plus à leur réaction réciproque.

57. La tournure de fer est préférable à la limaille, au fil et aux clous de fer, même très-petits. Elle a sur les deux premiers l'avantage de ne point obstruer les vases dont on se sert, et de ne point s'opposer, par conséquent, au passage de l'acali. Elle n'en a pas un moins grand sur les clous; c'est

d'offrir un grand nombre de points de contact. Presque toujours, cette tournure de fer est en spirale et couverte en divers points d'une légère couche d'oxide ; il faut la battre et la triturer dans un mortier de cuivre ou de fer ; jusqu'à ce qu'elle soit brisée, et que l'oxide s'en soit détaché. Si elle étoit couverte d'une couche trop épaisse d'oxide, on pourroit la plonger avant tout dans de l'acide sulfurique très - foible : lorsqu'elle seroit bien décapée, on l'en retireroit ; on la laveroit à grande eau, et on la feroit promptement sécher au feu : à la vérité elle s'oxideroit légèrement pendant sa dessiccation; mais la trituration la rendroit facilement très-brillante. On peut employer le fer tourné à l'huíle tout aussi bien que celui qui est tourné à l'eau : seulement, il est bon d'en dégager par le feu la portion d'huile dont il est recouvert, et qui le préserve ordinairement de la rouille.

58. Le choix des matières premières dont on retire la potasse, n'est point indifférent. Si on l'extrait des potasses du commerce, elle est presque toujours mêlée de soude, parce que ces potasses en contiennent presque

toutes une plus ou moins grande quantité ; de sorte que le métal qui en provient,
n'est qu'un alliage de *potassium* et de *sodium*. Le moyen le plus sûr pour prévenir
cet inconvénient, est d'extraire la potasse
d'un mélange fait avec une partie de nitre
et deux parties de crème de tartre. On
projette ce mélange dans une bassine de fer
suffisamment chaude; le feu y prend tout-
à-coup et le convertit en sous-carbonate de
potasse, qu'on traite comme à l'ordinaire par
la chaux et l'alcool à trente et quelques degrés. On pourroit même à la rigueur ne point
purifier la potasse par l'alcool, et se conten-
ter de la faire bouillir avec la chaux : dans
ce cas, après l'avoir évaporée à siccité, il
faudroit la fondre dans une bassine, et ne
la décanter que quand elle seroit limpide,
pour en séparer beaucoup de carbonate de
potasse qui se précipite. Les soins à prendre
pour la priver d'eau ne sauroient être trop
grands : cette eau étant contraire à la formation du *potassium*, on la volatilise à
une chaleur rouge-cerise dans un creuset
ou dans une bassine ; de cette manière, la
potasse reprend toujours à la vérité un peu

d'acide carbonique , mais qui n'est pas nuisible (1).

59. Comme on ne peut obtenir le *potas-sium* qu'à une très-haute température, il en résulte qu'on ne peut se servir que de vases de fer pour le préparer; tout autre vase, du moins à bas prix, fondroit, et le fer entreroit lui-même en fusion, s'il n'é-toit préservé de l'action de l'air par un lut infusible. Il en résulte encore que pour réussir dans cette préparation, il ne faut

---

(1) Ayant eu besoin de potasse à un très-grand état de pureté dans le cours de nos recherches, nous en avons facilement obtenu, en la préservant constamment du contact de l'air. Nous nous sommes servis pour cela d'une cornue de verre ordinaire , et ensuite d'une cor-nue métallique, dont la panse étoit formée de deux pièces qui s'adaptoient l'une à l'autre. Nous avons réduit la dissolution alcoolique en sirop dans la première ; nous avons évaporé ce sirop jusqu'à siccité dans la se-conde, et nous y avons poussé la matière jusqu'à la fu-sion ignée. Il faut de toute nécessité pour cette opération que la partie inférieure de la cornue soit d'argent et non de cuivre; autrement, l'alcali seroit coloré en bleu. La partie supérieure de cette cornue ou son chapiteau peut être de cuivre : cependant il vaut encore mieux qu'elle soit d'argent ; car , si on ne ménage pas bien le feu, l'alcali se boursoufle, et parvient jusqu'au chapiteau, ce qui suffit pour lui donner une légère nuance bleue.

mettre l'alcali en contact avec la tournure de fer que partiellement et lorsque cette tournure est très-rouge ; car si on faisoit d'abord le mélange de ces deux substances, il arriveroit que la potasse se volatiliseroit avant que la chaleur fût assez forte pour que le *potassium* puisse se produire. On satisfait à cette nouvelle condition, en se servant de canons de fusil (1), qu'il est bon de nettoyer. On fait passer ce canon à travers un fourneau en l'inclinant légèrement. On en remplit de tournure de fer toute la partie qui doit être exposée à l'action du feu, et on remplit de potasse, la plus élevée des deux parties qui sont hors du fourneau. On donne le coup de feu ; et au moment où on le juge assez fort, on fait fondre d'abord la couche de potasse la plus voisine du centre du canon, puis la suivante, etc. etc. Toutes ces couches coulent successivement et viennent passer à travers la tournure de fer : mais comme il pourroit arriver qu'une portion de la potasse échappât à l'action du fer, si

_____

(1) On peut se servir de canons de rebut, et ce sont même ceux-là que nous avons toujours employés.

le tube étoit trop incliné, ou ne passât point
à travers, s'il ne l'étoit pas assez, on doit
préférer de courber le canon de fusil,
comme on le voit planche 4, fig. 1.

60. Ce qui précède suffit sans doute pour
faire saisir l'ensemble de la préparation du
potassium; mais on ne peut en avoir une
idée très-précise qu'en entrant dans le détail
de toutes les opérations dont elle se compose. Quoique plusieurs de ces opérations
ne présentent aucune difficulté réelle,
nous les décrirons toutes, si ce n'est pour
les chimistes de profession, du moins pour
ceux qui aspirant à le devenir, voudroient
les répéter. Ces opérations sont au nombre
de sept : La première consiste à nettoyer le
canon de fusil dont on doit se servir ; la
deuxième à le courber ; la troisième à le
couvrir d'un lut infusible ; la quatrième à
y introduire le fer et la potasse préparés
comme il a été dit (57 et 58); la cinquième
à le disposer dans un fourneau d'une gran-
deur convenable, et alimenté d'air par un
soufflet assez fort; la sixième à conduire et
bien entretenir le feu ; enfin la septième à
recueillir le *potassium* et le purifier.

61. On peut enlever par le simple frottement tout l'oxide de fer qui recouvre presque toujours l'intérieur du canon de fusil;
mais cet oxide résistant beaucoup moins à
l'action de l'acide sulfurique ou muriatique
foibles, et bien moins encore à l'action réunie des acides et du frottement, on employe
ces deux moyens à la fois en bouchant le
canon par un de ses bouts, y versant de
l'acide par l'autre, et faisant mouvoir dedans et dans toute sa longueur une tige de
fer terminée par un tampon qu'on plonge
de temps en temps dans du sable. Lorsque
tout l'oxide est enlevé, on lave le canon à
grande eau; on y passe du linge ou du papier Joseph pour le sécher, et on en bouche
les deux bouts pour prévenir une oxidation
ultérieure, si on ne s'en sert pas de suite.

62. Pour courber un canon de fusil,
comme on le voit planche 4, fig. 1, on le
fait rougir en B; on fixe l'extrémité A, et
on élève l'extrémité D : le canon plie et
s'arque en B. Ensuite on fait rougir le canon
en C'; on fixe l'extrémité D; on appuye de
haut en bas sur la partie A B, et le canon
plie et s'arque en C'. La longueur de B C' est

de 0^m.,27 ; celle de C' D de 0^m.,08 ; celle de
A B est variable. Il n'est pas absolument nécessaire que B C' et C' D ayent la longueur
qu'on vient de leur assigner ; mais il faut
au moins qu'ils en ayent une qui s'en écarte
peu.

63. Le lut dont nous nous servons, est
formé de terre à potier ou argile grise des
environs de Paris, et de sable passé au ta-
mis de crin. Nous détrempons cette argile
avec de l'eau, et nous y incorporons le plus
de sable possible, environ cinq fois le poids de
l'argile : par là, nous rendons le lut si maigre
qu'il devient difficile à appliquer ; nous n'y
ajoutons point ou que très-peu de crotin de
cheval. S'il contenoit moins de sable, le feu
auquel il doit être exposé le fondroit, et
bientôt le fer en s'oxidant, fondroit lui-
même.

64. On ne lute que la partie du canon
qui doit être fortement chauffée, et tout au
plus les parties adjacentes : ainsi, planche 4,
fig. 1, le lut ne s'étend que de B" en C". Il
faut que la pâte soit le moins humide possible : on en mouille seulement la surface
plus que le centre pour en faciliter l'adhé-

rence ; on comprime fortement cette pâte
contre le canon, et on en lie avec le plus grand
soin les différentes couches auxquelles on
donne en somme une épaisseur d'environ
seize millimètres. Ensuite on tient à l'ombre
le canon pendant cinq à six jours ; puis on
l'expose au soleil ou à une chaleur douce
pendant quelques autres jours, et enfin à
une chaleur plus forte pendant à peu près le
même espace de temps. Si pendant tout ce
temps, il se fait quelques gerçures dans le
lut, on les remplit avec du lut frais. Lorsqu'elles sont trop petites, on les agrandit ;
et toujours on en mouille les parois, de manière à lier parfaitement le nouveau lut
avec l'ancien.

65. Le canon de fusil ne devant être plein
de tournure de fer que depuis B' jusqu'en C,
on fait arriver par l'extrémité A un piston
jusqu'en B' ; et après avoir renversé le canon, on y verse la tournure par l'extrémité D ; on secoue de temps en temps le
canon pour la tasser légèrement ; et lorsqu'il y en a jusqu'au point C, ce qu'on reconnoît facilement avec une tige courbe,
on cesse d'en ajouter. Il ne faut jamais en

mettre jusqu'au point C', et à plus forte
raison jusqu'au point C'', parce qu'elle se
mêleroit en partie avec le *potassium*. Il ne
faut pas non plus mettre à cette époque l'alcali dans le canon; il vaut mieux ne le faire
que quand il est placé sur le fourneau : de
cette manière, on a la certitude que les matières ne se déplacent point.

66. Après avoir introduit le fer dans le
canon de fusil, on le dispose sur un fourneau à réverbère, comme on le voit planche 4, fig. 2. Ce fourneau a trente centimètres de diamètre intérieur. La grille E
est tout au plus à seize centimètres du canon ; le laboratoire est convenablement
échancré en F F, pour donner passage au
canon, qui d'une part pose sur le fourneau
même en B', et de l'autre sur un morceau
de brique en C'. On bouche soigneusement
les deux échancrures F F, et toutes les autres ouvertures avec des briques et du lut
peu humide. Celui qu'on employe à l'exté-
rieur peut n'être que de la terre à four dé-
trempée; mais celui qu'on employe à l'intérieur doit être de nature infusible : autrement il entraîneroit en fusion le lut du

canon , et dégraderoit promptement le
fourneau.

67. Lorsque le canon de fusil est bien
assujéti , on retire le piston de la partie A B',
et on y introduit cent vingt à cent trente
grammes de potasse en fragmens , qu'on
pousse avec une tige de fer ou de bois jusqu'en B', sans trop les tasser : par ce moyen,
B' A' est plein d'alcali , et A A' est vide.

68. Comme il se dégage beaucoup de gaz
dans l'opération, et que quelquefois l'extrémité D s'obstrue , il faut leur donner issue
en adaptant à l'extrémité A un tube de
verre qui plonge au fond d'un flacon presque plein de mercure ; sans cette précaution,
on courroit le danger de se blesser et de
perdre beaucoup de *potassium*.

69. L'appareil étant ainsi disposé et les luts
étant bien secs , on met alternativement du
charbon rouge et du charbon noir dans le
fourneau, jusqu'à ce que le canon en soit couvert, et le laboratoire même presque plein.
Ensuite on place sur le laboratoire un dôme
dont on a enlevé la cheminée et les parties
environnantes, pour y verser plus facilement le charbon ; on l'en remplit et on

commence à souffler. Le courant d'air doit
être d'abord très-lent ; on l'augmente graduellement ; peu à peu le charbon s'allume,
et quelque temps après on voit apparoître
la flamme au haut du dôme : à cette époque,
ou même auparavant, on met des linges
mouillés autour de B′ B″, de crainte que la
potasse n'entre en fusion ; on refroidit également la partie C′ D, et on y adapte immédiatement après un récipient de cuivre.

70. Ce récipient G G′ H H′ est formé de
deux tubes (on les voit séparés planche 4,
fig. 1), qui s'élargissent et entrent à frottement l'un dans l'autre : il est placé sur un
support L L′, dont la partie supérieure
est creusée pour le maintenir. On reçoit
l'extrémité du canon D dans le tube GG′,
avec lequel on l'unit par du lut de terre ; on
adapte au tube HH′ un tube de verre recourbé I ; et on porte en H H′ le corps froid qu'on
avoit d'abord mis en C′ D. Alors, au moyen
d'un bon soufflet (1), on élève le plus pos-

_____

(1) Le soufflet dont nous nous servons est à double
vent et à huit plis ; il a 0^m,29 dans sa plus petite largeur, et il en a 0^m,58 dans sa plus grande. Sa longueur

sible la température du fourneau. Lorsqu'on
la juge assez forte, au lieu de continuer à
refroidir B″ B′, on l'entoure de charbons
rouges qu'on soutient par une grille demi-
cylindrique E′, qui règne sous toute la partie
du canon A′ B′. La potasse qui est en B′ B″,
fond et passe en vapeurs à travers la partie
B′ B C. La grande quantité d'eau qu'elle
contient, quoiqu'ayant été poussée à une
chaleur rouge (1), se décompose, et donne
lieu à un grand dégagement de gaz hydrogène
assez souvent nébuleux. En même temps le
potassium se produit et vient se condenser
en partie dans l'extrémité D, et dans le récipient GG′ HH′. Bientôt le dégagement des
gaz se ralentit ; on en conclut qu'il n'y a
presque plus de potasse dans la partie B′ B″,
et on fond celle qui est en B″ B‴, en l'en-
tourant de charbons rouges comme la précédente. Lorsque cette nouvelle quantité a

---

est d'environ 0^m,90 et son ouverture de 1^m,11 ; le tuyau
qui y est adapté à un diamètre de 0^m,04.

(1) 100 parties de potasse à l'alcool et exposées à une
chaleur rouge, retiennent 20 parties d'eau. (*Voyez*
deuxième volume de cet ouvrage.)

disparu, on met du feu jusqu'en B'''', et
ainsi de suite. Il est surtout essentiel de ne
pas fondre trop d'alcali à la fois ; car on di-
minueroit assez la température en B' C,
pour qu'il ne se produisît plus de *potassium*.
C'est même pour cela que l'on met cet alcali
en fragmens, et non d'une seule pièce dans
la partie A' B'. Plusieurs signes permettent
de reconnoître si l'opération va bien. Le
plus sûr de tous, est le dégagement du gaz
qui doit être très-rapide, sans qu'il en résulte des vapeurs trop épaisses à l'extrémité
du tube de verre I. On peut encore prendre
pour règle de l'opération, le temps qu'on
employe à la faire, à dater du moment où
le fort coup de feu a lieu, et où l'alcali commence à fondre. La durée doit en être au
plus d'une heure. Elle est terminée quand
le feu a été porté successivement jusqu'en
A', et qu'il ne se dégage plus de gaz. Alors
on enlève le dôme et le laboratoire ; on détache la grille de dessous A' B' ; on retire le
tube de verre qui plonge dans l'éprouvette,
et on y substitue un peu de lut. Ensuite
ayant bouché aussi avec du lut le tube de
verre I, on enlève le canon de fusil lui-

même, dont on hâte le refroidissement en jetant de l'eau dessus, et en faisant tomber le lut qui le recouvre. On pourroit le laisser refroidir dans le fourneau; mais on perdroit beaucoup de temps, et quelquefois on ne l'en retireroit que difficilement, par la raison que les luts des échancrures F F, se vitrifient et contractent en se solidifiant une si grande adhérence, qu'ils font corps entre eux et avec le fourneau lui-même.

71. Il arrive quelquefois que les gaz cessent tout-à-coup de se dégager par le tube I, et se dégagent par le tube qui plonge dans l'éprouvette M. Ce phénomène annonce que l'extrémité D est obstruée. Elle l'est ordinairement par de l'alcali qui a pu y arriver quand le feu n'a point été assez fort, ou, ce qui revient au même, quand on a fait passer l'alcali trop vite à travers la tournure de fer. Il est possible, jusqu'à un certain point, de remédier à cet accident. Aussitôt qu'on s'en aperçoit, il faut mettre des charbons rouges autour de l'extrémité D, pour fondre le corps qui l'obstrue, et il faut augmenter la colonne de mercure en M. Si on réussit à en opérer la fusion, on continue

l'opération, mais à une plus haute température; sinon on l'arrête et on retire le canon.

72. Si les luts ne contenant point assez
de sable, ou si même, en contenant assez,
on les applique et on les sèche mal, l'opération ne réussit jamais ou ne réussit tout au
plus qu'en partie : dans le premier cas, ils
se vitrifient et coulent; dans le second, ils
se détachent ou présentent un grand nombre de petites gerçures; et dans l'un et l'autre, le canon est bientôt à découvert et troué
en quelques points qui s'oxident et se fondent. On s'en aperçoit, parce que les gaz ne
se dégagent ni en I ni en M. Lorsqu'au
contraire les luts sont d'une bonne nature,
qu'ils sont bien appliqués et bien séchés, ils
résistent et préservent constamment le canon de l'action de l'air : ils l'en préservent
même encore, lorsqu'il ne s'y fait que de
petites gerçures, et qu'ils sont épais. Aussi
a-t-on recommandé de leur donner une
épaisseur de 0^m,016. Il n'en seroit pas de
même, s'ils n'en avoient une que de 0^m,008.
L'air étant comprimé par le soufflet dans le
fourneau, finiroit par pénétrer jusqu'au
canon à travers les gerçures, quoiqu'allant

en zig-zag, et bientôt feroit un peu d'oxide qui joint à l'action des cendres, feroit entrer le lut en fusion.

73. On peut mettre deux canons dans le même fourneau; c'est ce que nous faisons toujours : on les dispose l'un à côté de l'autre, comme on le voit planche 4, fig. 3. On pourroit même y en mettre trois, en plaçant le troisième un peu au-dessus des deux premiers. Il y auroit de l'avantage à employer un fourneau carré. Si ce fourneau étoit assez grand, et s'il étoit alimenté par un soufflet assez fort, rien n'empêcheroit d'opérer au moins sur six canons. On conçoit aussi qu'en employant des tubes de fer d'un plus grand diamètre que les canons de fusil, on prépareroit à la fois bien plus de *potassium*. Il seroit possible de se servir à cet effet d'une forte tôle, à laquelle on donroit facilement la forme de cylindre, et dont il suffiroit de croiser les bords qu'on maintiendroit avec des clous. Il ne faudroit pourtant pas que les cylindres eussent un trop grand diamètre, parce qu'on ne parviendroit point à en échauffer assez le centre.

74. On supplée jusqu'à un certain point à ces perfectionnemens, en mettant dans le canon plus de tournure de fer, et faisant passer à travers cette tournure plus d'alcali qu'on ne l'a indiqué précédemment. Il suffit pour cela de rendre B' C' plus long, planche 4, fig. 2; d'avoir un fourneau dont le diamètre soit de plus de 0^m,30, et de remettre de l'alcali dans la partie A' B', aussitôt que la première quantité qu'on y a mise est fondue et transformée en métal.

75. Le *potassium* étant volatil, arrive et se condense en grande partie dans l'extrémité du canon D, et de là tombe presque tout entier à l'état de fusion dans le récipient G G' H H', planche 4, fig. 2, où par le refroidissement il se solidifie. Lorsqu'on veut l'en retirer, on enlève les luts qui sont en D; on bouche le canon pour prévenir l'inflammation de celui qui peut s'y trouver; on verse par la même raison un peu d'huile de naphte dans le récipient; et après en avoir séparé les deux pièces, on fait tomber toute la quantité qui s'y est réunie dans une autre portion de cette huile. Le *potassium* ainsi obtenu est ordinairement pur.

On pourroit le conserver sous la forme qu'il a prise en se refroidissant, dans le vase où on l'a reçu ; mais il vaut mieux lui donner une forme sphérique, parce que sous cette forme il présente moins de surface, et par conséquent moins de prise aux agens extérieurs que sous toute autre. On y parvient en le comprimant à froid sous le naphte dans des petites cloches, dont le diamètre doit varier selon la quantité qu'on a ; et en ne le chauffant pour le fondre que quand les parties en ont été bien liées par le rapprochement.

Pour retirer celui qui reste en C'D, on scie le canon en C' avec une lime ; on plonge le bout C'D dans de l'huile, et on y enfonce un cylindre de fer, dont le diamètre égale presque celui du canon ; on pousse ainsi le *potassium* dans l'huile même. Comme il contient un peu de potasse, on le purifie en le chauffant dans une petite cloche toujours sous l'huile, et en l'y comprimant légèrement, aussitôt qu'il est fondu ; de cette manière la majeure partie s'élève à côté de la tige, sous la forme de globules très-brillans, qu'on peut réunir en un seul en les comprimant à froid et les fondant de nouveau. Une fois réunis et n'offrant point de cavités ou de parties grisâtres dans leur intérieur, on peut les regarder comme purs ; de chaque canon on retire jusqu'à dix-huit grammes de métal purifié (1).

76. On a vu dans les articles précédens tout ce qu'on est obligé de faire pour obtenir le *potassium* pur. Il ne s'agit donc plus que d'examiner ce que contient le canon, pour avoir une idée complète de l'opération. On remarque d'abord qu'il n'y a plus de potasse en A′ B′, et qu'on n'en trouve que des traces en C′ D′, à moins que la température n'ait point été assez élevée. Or, comme le récipient ne contient que du *potassium*, il s'ensuit que toute la potasse disparoît, sauf la quantité qui reste dans la partie B′ C′ du canon : cette quantité est très-con-

_____

(1) Il ne reste presque jamais de potassium dans le bout C′D du canon, ou du moins il n'y en reste jamais que de très-petites quantités, qu'on peut même, si on veut, retirer avec une tige courbe, après toutefois les avoir recouvertes d'huile ; ce potassium est toujours entremêlé d'un peu de potasse qui l'empêche de couler dans l'allonge. Dans tous les cas, il faut le purifier comme on vient de le dire.

sidérable; elle forme quelquefois jusqu'à la moitié de celle qu'on employe dans l'expérience. Cependant le coup de feu auquel la potasse est exposée, est des plus violens; nous présumons qu'elle doit sa fixité à l'oxide de fer qui se forme, et avec lequel elle paroît se combiner. Cette sorte de combinaison s'aperçoit très-bien en sciant le canon en divers points de B' C'; elle remplit l'espace qui sépare les lames de tournure de fer, et les unit si bien, que souvent l'eau n'y pénètre que difficilement, et qu'on ne peut les retirer qu'en frappant sur le canon avec un marteau. Il seroit même possible que ce fût cette combinaison qui en s'opposant au contact du fer avec l'alcali, forçât d'employer tant de fer pour obtenir le *potassium*. Ce qui vient à l'appui de cette opinion, c'est que la tournure de fer qu'on trouve dans le canon après l'opération, est brillante, flexible, et paroît être à l'état métallique; en sorte qu'on ne verroit pas, sans la raison que nous en donnons, pourquoi on ne la détruiroit point complétement avec une suffisante quantité d'alcali. D'après cela, si après l'avoir retirée du canon, on la lavoit et on la

trituroit pour enlever l'oxide de fer et la
potasse dont elle est entremêlée, on pourroit s'en servir pour une autre opération
avec autant de succès que de nouvelle tournure. On voit dans le tableau qui suit, combien d'une quantité donnée de potasse on
a retiré de *potassium*, et combien il est resté
de potasse dans la partie B′ C′ du *canon*.

EXPÉRIENC.	Potasse empl	Potassium obt.	Potasse resté dans la partie B′C′ du canon.	OBSERVATIONS.
1ère.	70 gr.	15 gr. 5	39 gr. 3	On a essayé de recueillir le gaz hydrogène qui s'est dégagé dans ces deux expériences; mais dans l'une et l'autre il s'est formé un tout petit trou au canon en sorte qu'on n'en a recueilli qu'une partie, et que même on a pu perdre par-là du potassium et de la potasse.
2me.	81	20 2	40 7	

77. Il y a deux manières de se rendre
compte des phénomènes que présente la
préparation du *potassium*. Dans l'une, on
suppose que la potasse est un oxide métallique; que le fer à une haute température
réduit cet oxide et met à nu le métal qui

est le *potassium*. Dans l'autre, on suppose
que la potasse est un corps simple, et qu'é-
tant complétement privée d'eau, elle se
combine avec l'hydrogène, et forme un
composé d'apparence métallique qui est le
potassium. Dans l'une et l'autre, on admet
comme une vérité démontrée que la potasse
fondue au rouge contient encore beaucoup
d'eau ; que cette eau, que la chaleur seule
ne peut lui faire perdre, est décomposée par
le fer, et que de là résulte un grand dégagement d'hydrogène : mais dans la première, on dit que tout l'hydrogène de
l'eau décomposée se dégage, et que le fer
s'oxide tout à-la-fois par l'oxigène de l'eau
et par celui de la potasse ; tandis que dans
la seconde, on dit que tout l'hydrogène
de l'eau décomposée ne se dégage pas ; qu'il
en est une partie qui se combine avec
la potasse au moment où elle est sèche,
et que le fer n'est oxidé que par l'oxigène
de l'eau.

Ainsi l'une de ces hypothèses consiste
donc à regarder le *potassium* comme un
corps simple métallique : l'autre consiste à
le regarder comme un composé d'hydro-

gène et de potasse sèche, ou comme un véritable hydrure de potasse. Ce n'est point ici le moment de les discuter : nous ne pourrons établir cette discussion qu'après avoir rapporté tous les faits; car une théorie ou une hypothèse n'en étant que l'expression, ou devant les représenter tous, on ne peut la juger que quand on les connoît. Au reste, il sera toujours facile de tenir le langage des deux.

Toutes les fois que le *potassium* se combine avec l'oxigène, on dira dans la première que la potasse se reforme : on dira, au contraire, dans la seconde, qu'elle n'est que mise en liberté ; et que le *potassium* étant un hydrure de potasse, il en résulte de l'eau que cet alcali retient.

DE LA PRÉPARATION DU SODIUM.

78. La préparation du *sodium* se fait absolument comme la préparation du *potassium*, et donne lieu aux mêmes phénomènes que celle-ci : elle n'en diffère qu'en ce qu'au lieu de mettre de la potasse en A B', planche 4, fig. 2; il faut y mettre de la soude

I.

pure et fondue à une chaleur rouge (1). Il
faut essayer avec un grand soin le carbonate
de soude, d'où on se propose de la retirer.
Si ce sel contient de la potasse, il faut le faire
cristalliser jusqu'à ce qu'il n'en contienne
plus ; car s'il en contenoit seulement un
centième, on obtiendroit un peu de *potassium*, qui en se combinant avec le *sodium*,
en changeroit singulièrement les propriétés,
comme on le verra plus bas (80); on en
éprouve la pureté, à la manière ordinaire, par
le muriate de platine. Il est un moyen certain pour se procurer de la soude exempte
de potasse ; c'est de l'extraire de celle qui
provient du sulfate de soude calciné avec
le charbon et la craie. Mais comme cette
soude contient beaucoup de sulfure, on ne
l'en priveroit pas à beaucoup près en la traitant seulement par la chaux et l'alcool. Il
faut auparavant la faire bouillir avec suffisante quantité d'oxide noir de manganèse en
poudre. On change par ce moyen tout ce qui

---

(1) 100 parties de soude à l'alcool et fondues au rouge
contiennent 25 parties d'eau. *Voyez* le deuxième volume
de cet ouvrage.

est sulfure en sulfate (1) ; lorsque ce changement est opéré, ce qu'on reconnoît soit en goûtant la liqueur qui ne sent plus le foie de soufre, soit en la saturant par l'acide nitrique, et y versant de l'acétate de plomb qui ne doit plus la troubler en brun, on en retire de la soude très-pure par la chaux et l'alcool.

79. La préparation du *sodium* exige encore plus de chaleur que celle du *potassium* ; c'est pourquoi il ne faut faire passer la soude que lentement à travers le fer. Quand on remplit ces conditions, le *sodium* se rend comme le *potassium* dans l'extrémité C′ D, et de là en grande partie dans le récipient G G′ H H′, où il se fige à 90° ; on l'en retire comme le *potassium*, et on le purifie et on le conserve de même. Si le coup de feu n'étoit point assez fort, la soude viendroit obstruer l'extrémité D, et contiendroit à peine quelques portions de *sodium*, dont il seroit difficile de la séparer.

---

(1) On pourroit tirer parti de ce procédé dans certaines fabriques où le sulfure de soude est nuisible, et où par cette raison on ne peut employer qu'avec désavantage la soude du commerce.

80. Lorsqu'on n'a point un assez bon soufflet pour produire le degré de feu qu'exige la préparation du *sodium*, on peut la modifier, comme il suit. Au lieu de soude pure, il faut employer de la soude contenant si peu de potasse que ses combinaisons avec les acides soyent à peine troublées par le muriate de platine; par ce moyen, on obtient du *sodium* allié à un peu de *potassium*. L'alliage est solide, cassant et cristallisé; on le met sous la forme de plaques dans l'huile de naphte, et on permet à l'air du vase de se renouveler de temps en temps; peu à peu le *potassium* seul se détruit, et on reconnoît que le *sodium* est pur, lorsqu'il est devenu ductile, et qu'il ne se fond qu'à 90° et non à 80°, 70°, etc., comme auparavant (91 et 92). Si la soude contenoit seulement cinq à six centièmes de potasse, l'alliage qu'on obtiendroit seroit liquide à la température ordinaire, et alors l'huile ne pouvant plus pénétrer entre ses molécules, n'opéreroit plus ou que très-lentement la destruction du *potassium* (92). Ainsi quand on veut employer cette manière de préparer le *sodium*, on doit se conformer

strictement à ce que nous avons dit au commencement de cet article sur la nature de la soude.

81. Nous ne doutons point que plusieurs autres métaux n'ayent comme le fer la propriété de produire le *potassium* et le *sodium* avec la potasse et la soude. Tels sont surtout le manganèse et le zinc. Cependant on ne pourra jamais les substituer au fer dans la préparation de ces deux substances métalloïdes, parce que le premier est trop difficile à obtenir, et que le second est trop fusible et trop volatil.

82. Il nous est également démontré que le charbon jouit de cette propriété, mais ici il se passe des phénomènes dignes de remarque, et que nous devons examiner. Lorsqu'on met un mélange de charbon et de potasse ou de soude pures ou même carbonatées dans un tube de porcelaine; qu'on ferme l'une de ses extrémités avec un bouchon, et qu'on adapte à l'autre un tube de verre plongeant dans l'eau, pour ôter tout accès à l'air, on n'en obtient jamais ni *potassium* ni *sodium*, quelque coup de feu qu'on donne, il ne s'en dégage absolument que

des gaz inflammables. Les résultats seront
encore les mêmes, en supprimant le tube
de verre et son bouchon, et laissant le tube
de porcelaine ouvert. Cependant, si lorsque
la chaleur est très-forte, on plonge une tige
de fer ou de cuivre dans le tube, et qu'après
l'y avoir laissée quelques secondes, on l'en
retire, elle sera couverte çà et là de petites
particules de *potassium* et de *sodium*, qu'on
pourra séparer et conserver dans l'huile; et
ce phénomène se présentera un grand nombre de fois dans le cours de l'opération.
Comment concilier ce dernier fait qui s'est
offert à M. Curaudau, et que nous avons
constaté, avec le premier que nous avons
observé? On le peut d'une manière très-
simple. Le gaz oxide de carbone ou le gaz hydrogène oxi-carboné n'attaque point le *potassium* et le *sodium* à froid (195 et 200); il ne
les attaque point non plus, ainsi qu'on vient
de le voir, à une très-haute température; mais
il les détruit tout à coup à une chaleur presque rouge cerise (195 et 200). Par conséquent
si, ces corps étant tous à une très-haute température, on les laisse refroidir lentement,
il y aura nécessairement une époque où le

potassium et le *sodium* seront brûlés ; c'est
ce qui arrive dans la première expérience :
mais si, au contraire, on les fait refroidir subitement, leur combustion ne sera que par-
tielle ; et c'est là ce qui a lieu évidemment
dans la seconde expérience. Ainsi la tige
qu'on plonge dans le tube de porcelaine ,
n'agit que comme corps refroidissant. Il en
résulte qu'on perd la majeure partie du *potassium* et du *sodium* produits, et qu'on
ne peut en obtenir que très-peu.

83. Le gaz hydrogène étant un corps très-
combustible, nous ne devions point négli-
ger de le mettre en contact avec la potasse
et la soude, afin de savoir s'il pourroit les
transformer en *potassium* et *sodium*. Nous
avons employé tantôt des tubes de fer et
tantôt des tubes de porcelaine ; ces tubes
contenoient l'alcali , et le gaz hydrogène
passoit à travers. Dans tous les cas, nous
avons obtenu des résultats négatifs. Il est
probable que cette inaction du gaz hydrogène sur les alcalis , tient d'une part à l'état
sous lequel il est, et de l'autre à ce que ces
corps ne peuvent se transformer en substance métalloïde que quand ils sont privés

d'eau. Or, l'hydrogène ne peut leur enlever celle qu'ils contiennent ; conséquemment son action sur eux doit être nulle. Ce cas est tout-à-fait différent de celui où en les traitant par le charbon ou le fer, on obtient du *potassium* et du *sodium* ; car dans celui-ci toute l'eau de l'alcali est volatilisée ou décomposée par le fer et le charbon. (Nous avons remarqué que dans la préparation du *potassium*, il se dégage constamment un peu d'eau.) Il ne pourra donc pas se former de *potassium* et de *sodium* dans le premier cas, quoiqu'il s'en forme dans le second.

Des tentatives faites pour transformer la barite et la strontiane en substances métalloïdes.

84. Dans la vue d'obtenir le métal de la barite, nous avons d'abord employé le procédé par lequel on prépare le *potassium* et le *sodium* : ainsi après avoir disposé l'appareil, comme on le voit planche 4, fig. 2, nous avons mis de la barite fusible au feu, et par conséquent combinée avec de

l'eau (1) dans la partie A′ B′, qui a été ensuite entourée de charbons rouges : cette base n'a point tardé à fondre et à couler à travers la tournure de fer : il s'est dégagé beaucoup d'hydrogène, et il s'est formé de l'oxide de fer; mais il n'en est résulté aucune trace visible du métal de la barite.

Craignant que l'expérience n'eût été sans succès, parce que le canon étant courbe, la barite qui est fusible sans être volatile, ne pouvoit point être en contact avec toute la tournure de fer; nous l'avons répétée dans un canon droit et légèrement incliné, et nous avons encore obtenu les mêmes résultats.

85. On a vu (80) que la potasse favorisoit singulièrement la transformation de la soude en *sodium*. Il y avait lieu d'espérer qu'elle produirait le même effet sur la barite. On a, d'après cela, combiné la barite avec le quart de son poids de potasse, et on

---

(1) La barite extraite du nitrate de barite par la calcination, ne contient point d'eau et est infusible ; celle qui provient des cristaux de barite exposés à une chaleur rouge, contient dix pour cent d'eau, et est très-fusible. (Mémoire de M. Berthollet, deuxième volume de la Société d'Arcueil, p. 42.)

a fait passer cette combinaison à travers là
tournure de fer ; mais il n'en est résulté
que du *potassium*.

86. Quoique les expériences précédentes
ayent dû nous ôter presque toute espérance
de succès , nous avons voulu faire toutes
celles que l'analogie indiquoit. Il devenoit
presque certain que le métal de la barite,
en supposant qu'il existât, étoit fixe ou
très-difficilement volatil : par conséquent,
il étoit probable que si on parvenoit à
l'obtenir avec du fer, il resteroit combiné
avec ce métal. On devoit donc tenter l'action du fer sur la barite au plus violent feu
de forge, dans un excellent creuset. C'est ce
que nous avons fait en mettant sur le mélange , pour le garantir de l'action de l'air,
un couvercle qui entroit dans le creuset
même , puis une couche de charbon, et enfin un second couvercle. On s'est servi de
barite infusible ou absolument sèche, dans
une première expérience; et dans une seconde, on a employé de la barite fusible ou
combinée avec de l'eau : dans l'une et l'autre, le fer est resté pur.

87. Nous avons fait, comme dans l'expé-

rience précédente, des mélanges de barite
et de fer, auxquels nous avons ajouté du
charbon bien sec ; nous en avons fait aussi
1°. de barite et d'étain ; 2°. de barite, d'é-
tain et de charbon ; 3°. de barite et de charbon bien sec. Tantôt nous avons opéré avec
de la barite sèche, et tantôt avec de la barite
humide ; dans aucun cas la barite n'a disparu, et jamais on n'a aperçu de signes qui
ayent permis de soupçonner la production
du métal de la barite.

88. La strontiane et la chaux ont été
soumises sans aucun succès aux mêmes
épreuves que la barite. On n'a soumis à ces
épreuves, ni la magnésie, ni l'alumine, ni
aucune des autres terres.

DES PROPRIÉTÉS PHYSIQUES DU POTASSIUM.

89. Le *potassium* est solide à la température ordinaire, et présente l'éclat métallique au plus haut degré. Récemment fondu
dans l'huile de naphte, et vu dans cette
huile à travers le verre, il ressemble à l'argent mat ; lorsqu'on l'en retire, il se ternit
bientôt, et prend l'aspect qu'a le plomb

exposé depuis long-temps à l'air. Sa section est lisse, unie et des plus brillantes. Il est aussi ductile et plus mou que la cire ; comme elle, on le pétrit entre les doigts (1).

Si, après l'avoir rompu, on en examine l'intérieur, on voit qu'il est formé d'une multitude de petites particules cristallines qui ne sont jamais assez prononcées, pour qu'on en distingue la forme. Il est excellent conducteur de l'électricité. Sa pesanteur spécifique est de 0,86507, à la température de 15°. ; conséquemment, elle est moins grande que celle de l'eau, et un peu plus grande que celle de l'huile de naphte pure. On l'a prise en pesant successivement un petit tube de fer d'abord vide, ensuite plein d'eau et enfin plein de *potassium* qu'on y a fait entrer par compression. On a aussi essayé de la prendre en pesant une boule de *potassium* dans l'huile de naphte, à la manière ordinaire, et dans l'air, au moyen d'un large tube de verre dont on

---

(1) Cette expérience ne se fait sans danger qu'autant que la surface du *potassium* est couverte d'huile ; autrement il s'enflammeroit, et l'on seroit profondément brûlé.

connoissoit le poids, et qu'on bouchoit après l'y avoir mis; mais on a été obligé de renoncer à ce moyen, parce qu'au moment où le *potassium* est dans l'huile, il s'y attache toujours quelques petites bulles de gaz, qui rendent le résultat inexact.

Des propriétés physiques du sodium.

90. Le *sodium* est solide à la température ordinaire. Il a un grand éclat métallique. Sa couleur a beaucoup de rapport avec celle du plomb; cependant, vu dans l'huile au moment où il vient d'être fondu, il paroît un peu moins gris que ce métal. Sa section est unie et brillante. Il est formé d'une foule de petites particules dont on ne peut pas distinguer la forme. Il a à peu près la mollesse et la ductilité de la cire. Il est excellent conducteur de l'électricité. Sa pesanteur spécifique est de 0,97223, à la température de 15° : on l'a prise comme celle du *potassium* (89).

De l'action de la chaleur et du froid sur le potassium et le sodium.

91. Le *potassium* et le *sodium* exposés à l'action de la chaleur, ne tardent point à fondre. Le *potassium* entre en fusion à 58°, et le *sodium* à 90° ; on s'en convainc facilement, en les chauffant dans de l'huile de naphte, et en observant, au moment où ils se figent, un thermomètre qu'on tient plongé dans leur propre substance. Soumis à une chaleur plus forte, ils se volatilisent. Comme nous n'avons point encore déterminé le degré précis de leur volatilité, nous dirons seulement, qu'il est difficile de volatiliser le *sodium*, et qu'il est au contraire facile de volatiliser le *potassium*, même dans un tube de verre; et qu'ainsi, il y a une grande différence à cet égard entre l'un et l'autre. Enfin par le froid, ils se condensent, perdent beaucoup de leur mollesse, et acquièrent même une certaine dureté, surtout le *sodium* à 20° sous zéro (1).

_____

(1) M. Davy a examiné avant nous les propriétés du *potassium* et du *sodium*. Toutes nos observations ne s'ac-

DE L'ACTION QU'EXERCENT RÉCIPROQUEMENT LE SODIUM ET LE POTASSIUM L'UN SUR L'AUTRE.

92. Le *potassium* et le *sodium* se combinent très-bien ensemble, et donnent nais-

---

cordent point avec les siennes : ce sont surtout celles qui sont relatives à la pesanteur spécifique et au degré de fusion de ces deux métaux qui diffèrent le plus.

D'après M. Davy.	*D'après nous.*
La pesanteur spécifique du *potassium* à la température de $13\frac{1}{7}°$ R. ou 16,6 centig. est 0,6 ; celle de l'eau étant 1. (Bibliot. britann. Sciences et Arts, tome 39, page 19.)	La pesanteur spécifique du *potassium* est de 0,865, à 15° centig.
La pesanteur spécifique du *sodium* est de 0,9348 (il n'est pas dit à quelle température). (Même volume, page 34.)	La pesanteur spécifique du *sodium* est de 0,97223, à 15° centig.
Le *potassium* est imparfaitement liquide à $12\frac{1}{7}°$ R. ; il est plus fluide à 17° R. ; il est en fusion parfaite à $30\frac{2}{9}°$ R. (Même volume, page 16 à 17.)	Le *potassium* fond à 58° centig.
Le *sodium* se ramollit à $39\frac{1}{2}°$ R., et devient un liquide parfait à $65\frac{7}{9}°$ R. (Même volume, page 34.)	Le *sodium* ne fond qu'à 90° centig.

sance à un alliage cristallisable plus ou moins cassant, toujours plus fusible que le *sodium*, et souvent même plus fusible que le *potassium*.

Cette propriété dépend de la proportion des principes qui le constituent. Trois parties de *sodium* et une partie de *potassium*, forment un alliage fusible à zéro, et qui, plongé dans un mélange de glace et de sel marin, se congèle, cristallise et devient cassant. Si on augmente la quantité de *sodium*, sans changer celle de *potassium*, l'alliage perd de sa fusibilité; mais il est toujours plus fusible que le *sodium*, et toujours il est cristallisable et cassant. Un trentième de *potassium* suffit même, pour donner ces propriétés au *sodium* à un degré très-marqué, et pour lui donner en outre la blancheur de l'argent.

Si au lieu d'augmenter la quantité de *sodium*, on la diminue; c'est-à-dire, si on combine moins de trois parties de *sodium* avec une partie de *potassium*, on obtient des alliages qui deviennent d'abord de plus en plus fusibles et dont la fusibilité ne diminue que quand la quantité de *potas-*

sium est très-grande. Celui qu'on forme avec dix parties de *potassium* et une seule de *sodium* est même encore liquide à zéro, et présente la propriété très-remarquable d'être plus léger que l'huile de naphte ; mais celui qu'on formeroit avec trente parties de *potassium* et une de *sodium* ne se fondroit peut-être qu'à 12 ou 18° au-dessus de zéro.

On voit donc que quand le *sodium* est prédominant, l'alliage est d'autant moins fusible qu'il contient plus de ce métal ; et qu'on observe des effets à peu près analogues, lorsque c'est au contraire le *potassium* qui prédomine. On voit de plus, ainsi qu'on l'a annoncé, que dans tous les cas l'alliage est plus fusible que le *sodium* ; qu'il l'est quelquefois plus que le *potassium*, et que toujours il est cristallisable et cassant.

93. Tous ces alliages se font indistinctement sous l'huile, à chaud. Ceux qui sont fusibles à la température ordinaire peuvent même se faire à froid par la seule compression ; et en effet, à mesure qu'on en rapproche ainsi les parties, on les voit se

liquéfier. Quelles que soient les quantités de *potassium* et de *sodium* qui constituent ces alliages, ils se détruisent peu à peu, même dans l'huile de naphte, si toutefois cette huile a le contact de l'air. Alors tout le *potassium* passe à l'état de potasse, et le *sodium* seul reste. Nous avons même tiré de cette observation le procédé que nous avons décrit pour obtenir plus facilement le *sodium* (80).

94. Il est facile, d'après ce qu'on vient de dire, d'expliquer pourquoi les chimistes ont tant varié sur l'état qu'affectent le *potassium* et le *sodium ;* c'est que les uns se sont servi d'alcali pur, et les autres d'alcali plus ou moins impur pour les préparer. Ainsi, on ne sauroit mettre en doute que si M. Davy a cru que le *potassium* et le *sodium* se liquéfioient, le premier à $30\frac{2}{9}°$R., et le second à $65\frac{7}{9}°$ R.; c'est que la potasse et la soude sur lesquelles il a opéré contenoient : la potasse, de la soude ; et la soude, de la potasse.

DE L'ACTION DE L'EAU SUR LE POTASSIUM.

95. Lorsqu'on met le *potassium* en contact avec l'eau, il en résulte tout à coup de la potasse et un dégagement de gaz hydrogène : on le prouve facilement, en faisant passer dans une cloche pleine de mercure, d'abord un peu d'eau, et ensuite du *potassium* (*enveloppé dans un papier*). A peine le contact a-t-il lieu, que l'action commence. Le *potassium* nage sur l'eau, s'agite considérablement, se détruit à vue d'œil ; une grande quantité de gaz est produite ; l'eau s'échauffe beaucoup et devient très-caustique. Si on examine les propriétés de ce gaz, on trouve qu'il est inflammable, qu'il est susceptible de détonner avec l'oxigène par l'étincelle électrique, d'en absorber précisément la moitié de son volume, et de former ainsi une composé liquide : et si on examine les propriétés de l'eau, on voit qu'elle a la propriété de saturer les acides sans qu'il y ait effervescence, et qu'on ne peut absolument en retirer que des sels à base de potasse ; donc, etc.

96. Lorsque le *potassium* a en même temps le contact de l'eau et de l'air, tous les phénomènes dont on vient de parler ont lieu ; mais il s'en présente un nouveau : le gaz hydrogène brûle à mesure qu'il se dégage ; et par-là, le *potassium* s'échauffe tellement, qu'il finit par rougir et produire une petite explosion. Cette expérience est très-curieuse à voir, sur-tout en jetant divers morceaux de *potassium* dans un large vase de verre plein d'eau ; il en résulte autant de corps enflammés qui vont, viennent et se croisent en tous sens à la surface de l'eau.

97. Il étoit important de déterminer la quantité de gaz hydrogène que le *potassium* dégage dans son contact avec l'eau. A cet effet, on a rempli de *potassium* un tube de fer, par une forte compression. Ce tube avoit été pesé auparavant ; on l'a pesé après : il s'est trouvé contenir $2^{\text{gram.}},213$ de ce métal. On l'a fermé avec un disque de verre, et on l'a introduit dans cet état sous une cloche pleine d'eau. Alors, on a retiré peu à peu le disque. A peine le *potassium* a-t-il touché l'eau, que l'action a eu lieu. D'abord,

elle a été modérée; mais bientôt le métal est sorti du tube où il étoit contenu, s'est élancé à la surface de l'eau; et dans ce moment, il s'est produit tant de gaz à la fois, que la cloche, quoique très-lourde et maintenue dans sa position par l'un de nous, a été soulevée fortement et avec bruit. Le métal s'est attaché en partie à ses parois supérieures et s'est détruit promptement. Quoique la chaleur ait été très-grande, la cloche n'a point été cassée, et l'expérience s'est faite sans danger. Aussitôt que nous n'avons plus aperçu de *potassium* soit à la surface de l'eau, soit sur les parois de la cloche, nous avons mesuré le gaz hydrogène. Son volume s'est trouvé de 0^{lit},666, temp. 15° cent., barom. 0^{m},7455. L'expérience a été faite deux fois, et les résultats en ont été sensiblement les mêmes. On peut donc les regarder comme exacts; d'où il suit que 100 parties de *potassium* absorbent 19^{p},945 d'oxigène pour passer à l'état de potasse: ou bien que 100 p. de potasse sont formées de 83^{p},371 de *potassium* et de 16^{p},629 d'oxigène.

98. Cette observation fournit un moyen

très-simple et très-exact pour avoir des
quantités égales, très-petites et bien déterminées de *potassium*, sans avoir besoin de
les peser. C'est de creuser une petite cavité
dans un disque de laiton, d'y mettre plus
de *potassium* qu'il n'en faut pour la remplir, et d'en enlever l'excès au moyen d'un
autre disque aussi de laiton coupé de biais
dans son épaisseur et vers l'un de ses bords,
de manière à présenter une arrête très-vive
et faisant couteau. On voit la coupe verticale et la projection horizontale de deux disques de ce genre, pl. 5, fig. 5. La surface
supérieure du disque inférieur A peut s'appliquer exactement sur la surface inférieure
du disque supérieur B; par conséquent, si
on fait glisser cette dernière surface sur la
première, la cavité O étant plus que pleine
de *potassium*, il est évident qu'il n'y en
restera qu'une quantité qui sera toujours la
même. Cependant il faut prendre quelques
précautions pour obtenir un grand degré
de précision : la première est de remplir la
cavité O d'un seul morceau de *potassium;*
la seconde de bien l'y comprimer, d'abord
avec le doigt, et ensuite en appliquant des-

sus le disque supérieur ; la troisième est d'enlever, avec un petit couteau d'ivoire ou de corne, la plus grande partie de *potassium* qui est en lames autour de la cavité ; la quatrième est de bien faire glisser le disque supérieur, le tranchant en avant, sur le disque inférieur ; enfin, la cinquième est de découvrir le disque inférieur en faisant rétrograder le disque supérieur pour savoir si la cavité O est bien pleine, ou si le petit culot de *potassium* est bien formé. Ces opérations exigent beaucoup moins de temps qu'on ne se le figure ; avec un peu d'habitude, on moule facilement plusieurs culots en une minute.

99. Quoique nous fussions bien persuadés que tous ces culots eussent un poids égal, nous avons voulu le démontrer par un grand nombre d'expériences. Pour cela, nous avons rempli un grand nombre de fois la cavité O de *potassium* ; et laissant chaque fois le disque supérieur sur le disque inférieur, nous les avons plongés ainsi superposés sous un entonnoir et un tube gradué pleins d'eau. Alors découvrant peu à peu le disque inférieur, en faisant glisser dessus le disque su-

périeur, tout le *potassium* s'est détruit et a donné une certaine quantité d'hydrogène. Or, cette quantité d'hydrogène a toujours été sensiblement la même; donc tous les culots de *potassium* étoient égaux. Nous ne rapporterons les résultats que de dix expériences prises au hasard, et calculés pour la température de 15° centig., et pour la pression de $0^m,75$.

Expérience	Gáz hydrogène obtenu.
1	79
2	79,2
3	79
4	78,7
5	78,8
6	78,5
7	79
8	79,4
9	79
10	79

Ainsi, chaque mesure a donc dégagé 79 parties de gaz hydrogène. Maintenant si nous ajoutons que 123 parties du tube gradué que nous avons employé équivalent à un centi-litre, et si nous observons que $2^{gram},213$ de *potassium* donnent $0^{lit},666$ d'hydrogène,

therm. cent. 15°; bar. 0^m,7455, nous en con-
clurons que chaque mesure pesoit 0^{gr},0212.
Nous nous servirons, par la suite, dans
toutes nos expériences, de cette mesure que
nous désignerons sous le nom de mesure M,
pour avoir des quantités égales et connues
de *potassium*; et toujours nous mesurerons
les gaz dans le tube gradué dont nous venons de parler, et que nous appellerons
tube gradué T.

De l'action de l'eau sur le sodium.

100. Lorsqu'on met le *sodium* en contact avec l'eau, il en résulte beaucoup de
chaleur, de la soude pure et un grand dégagement de gaz hydrogène. On reconnoît
la nature de cet alcali et de ce gaz comme
il a été indiqué (95).

Soit que le *sodium* touche en même temps
l'air et l'eau, ou bien qu'il ne touche que
l'eau, les phénomènes sont les mêmes : il
tourne, va, vient en tous sens et très-rapidement sur ce liquide, produit beaucoup
d'hydrogène qui se dégage avec un léger sif-
flement, diminue à vue d'œil, ne s'enflamme

ni ne rougit, et disparoît sans explosion.

2^{gram}.,486 de *sodium* donnent, avec l'eau, 1^{lit}.,2525 d'hydrogène à la température de 15° centig., et à la pression de 0^m.,759; donc 100 parties de *sodium* absorbent 33^p.,995 d'oxigène pour passer à l'état de soude; ou bien 100 parties de soude sont donc composées de 74^p.,63 de *sodium*, et de 25^p.,37 d'oxigène.

101. On peut mouler le *sodium* au moyen des deux disques de laiton, planche 5, fig. 5, aussi bien que le *potassium*. Dix mesures de *sodium*, faites successivement, et décomposées par l'eau (voyez *la manière d'opérer cette décomposition, n° 99*), nous ont donné les résultats suivans : Therm. centig. 15°; barom. 0^m.,75.

Mesure M.	Tube gradué T.
1	148 hydrogène.
2	148,5
3	149,3
4	148
5	148,5
6	147,8
7	148
8	147,5
9	148,5
10	147,5

Chaque mesure de *sodium* dégage donc 148 parties d'hydrogène du tube gradué T; mais comme 2$^{\text{gram.}}$, 486 de *sodium* en dégagent 1^{litre}2525, therm. 15°, bar. 0$^{\text{m.}}$,759, chaque mesure de *sodium* pèse 0$^{\text{gram.}}$,0238.

De même que nous nous servirons de la mesure M dans toutes nos expériences sur le *potassium* pour agir sur des poids connus de ce métal; de même aussi, et par la même raison, nous l'employerons dans toutes nos expériences sur le *sodium;* et dans les unes et les autres, nous mesurerons toujours les gaz dans le tube gradué T (1).

---

(1) M. Davy a observé le premier l'action qu'exerce l'eau sur le *potassium* et sur le *sodium.* Il en est fait mention très en détail dans son mémoire lu à la Société royale, les 12 et 19 novembre 1807. (*Voyez* Bibl. Brit. Sciences et Arts, tome 39, pag. 21, 35, 45, 46 et 47.) Nos observations s'accordent sensiblement avec les siennes.

D'après M. Davy.

Le *potassium* dans son contact avec l'eau dégage une quantité d'hydrogène telle que 100 de potasse sont formées de 84 de *potassium* et 16 d'oxigène; et le *sodium* en dégage une quan-

D'après nous.

Le *potassium* dégage, dans son contact avec l'eau, une quantité d'hydrogène telle que 100 de potasse, sont formées de 83,371 de *potassium* et de 16,629 d'oxigène; et le *sodium* en

DE L'ACTION DU GAZ OXIGÈNE ET DE L'AIR ATMOSPHÉRIQUE SUR LE POTASSIUM ET LE SODIUM.

102. Lorsqu'on met le *potassium* en contact avec le gaz oxigène, à la température de l'atmosphère, il l'absorbe peu à peu, perd son brillant métallique, et devient gris-blanc jusqu'au centre dans l'espace de quelques jours ; mais pourvu qu'on en renouvelle la surface, ce métal s'enflamme toujours dans le gaz oxigène à une température de 60 à 80°, et quelquefois même à 10 et 15°. Si dans ces expériences on substitue l'air atmosphérique au gaz oxigène, les résultats en sont encore les mêmes, excepté qu'ils sont moins sensibles.

tité telle que 100 de soude sont formées de 77,7 de *sodium* et 22,3 d'oxigène. dégage une quantité telle que 100 de soude sont formées de 74,63 de *sodium* et de 25,37 d'oxigène.

Ainsi, nous n'avons eu sur M. Davy que l'avantage d'opérer sur une grande quantité de *potassium* et de *sodium*, et par conséquent d'obtenir, sur-tout relativement au *sodium*, des résultats que nous croyons être un peu plus rapprochés de la vérité que les siens.

103. Le *sodium* est bien moins combustible que le *potassium*. Ce métal s'altère à peine dans le gaz oxigène à froid, et n'y brûle avec lumière qu'à chaud. De là, on concevra facilement pourquoi il s'oxide sans s'enflammer, en le chauffant dans une cloche d'environ 2 à 4 centimètres de diamètre, et pleine d'air; et pourquoi, au contraire, il brûle vivement en le jetant sur un têt chaud, ou bien en le jetant tout fondu par terre: c'est que dans le premier cas, il est en contact avec de l'air très-raréfié par la chaleur; et que dans le second, il est en contact avec de l'air qui l'est beaucoup moins. Ces différentes combustions devoient faire présumer l'existence de plusieurs oxides de *potassium* et de *sodium*. Ces divers oxides existent en effet; on les reconnoît, comme on va le voir, dans le chapitre suivant.

DES DIVERS OXIDES DE POTASSIUM ET DE SODIUM.

104. Le *potassium* et le *sodium* étant doués de propriétés qui dépendent presque

toutes de la grande affinité qu'ils ont pour l'oxigène, on ne sauroit faire une étude trop approfondie des phénomènes que présente leur combustion ; mais tout en cherchant à recueillir jusqu'au moindre fait qui s'y rattache, on doit surtout faire tous ses efforts pour déterminer avec soin : Quels sont les divers degrés d'oxidation dont ces métaux sont susceptibles ; quelles sont les quantités d'oxigène propres à ces divers degrés d'oxidation ; quelles sont les circonstances dans lesquelles se forment les oxides qui en résultent ; enfin quelles sont les principales propriétés dont ces oxides jouissent ?. Ce sont en effet ces questions qu'on s'est proposé de résoudre.

105. Nous parlerons d'abord des oxides de *potassium*. Déjà nous connoissons l'un de ces oxides ; c'est celui qui se forme quand on met le *potassium* en contact avec l'eau, et qui n'est autre chose que la potasse pure (*voyez* précédemment n°. 95) : mais il en est encore deux autres dont il n'a point été question, et que nous devons maintenant étudier.

106. Le premier est au minimum d'oxi-

dation ou moins oxidé que la potasse ; d'un
gris bleuâtre ; très-cassant, quoique contenant peu d'oxigène, et provenant d'un métal plus ductile et plus mou que la cire ;
fusible à une légère chaleur ; tellement inflammable que souvent il prend feu dans
l'air, et surtout dans le gaz oxigène à la
température de 20 à 25 degrés ; susceptible
d'agir sur l'eau avec une grande force, d'en
dégager du gaz hydrogène, mais moins que
le *potassium* lui-même.

On l'obtient en renfermant, pendant
quelques jours, du *potassium* dans un vase
d'une petite dimension, plein d'air et dont
le bouchon est de liége. Si ce bouchon étoit
de verre, l'oxidation ne pourroit être que
superficielle. En effet, il n'y auroit que
l'oxigène et l'eau hygrométrique de l'air
contenu dans le vase qui pourroient y con-
tribuer ; au lieu que dans le premier cas,
le bouchon étant poreux et contenant de
l'eau, en peut céder aux gaz qui n'en contiennent point, et en prendre à ceux qui
en contiennent. De là il suit qu'il transmet
celle de l'atmosphère, en sorte que ce métal peut s'oxider complètement dans un

espace de temps plus ou moins considérable.

Sans doute on pourroit obtenir cet oxide
par d'autres procédés que celui que nous
venons d'exposer, et surtout en mettant le
potassium à froid en contact avec de l'air
qu'on renouvelleroit; mais on risqueroit
d'outrepasser le degré d'oxidation propre à
cet oxide. C'est ce qui arriveroit infailli-
blement si le contact étoit de trop longue
durée; ou si, au lieu d'air, on employoit
du gaz oxigène; et si surtout, au lieu d'o-
pérer à froid, on opéroit à chaud. D'ailleurs,
on peut se servir indistinctement de *potas-*
sium qui ait été ou non en contact avec
l'huile, pour la préparation de cet oxide.

107. Voilà donc déjà deux oxides différens qui ont pour base le *potassium;* l'un résulte de l'action à froid d'une petite quantité
d'air sur le *potassium*, et l'autre qui n'est
autre chose que la potasse provient constamment de l'action de ce métal sur l'eau. Il en
est un troisième tout aussi distinct, plus remarquable encore, et plus oxigéné que les
deux précédens. Nous allons le faire connoître. On l'obtient pur et instantanément

en brûlant, à l'aide d'une température élevée, le *potassium* dans le gaz oxigène. L'on
peut opérer cette combustion en plaçant le
potassium, soit sur le verre, soit sur le platine, soit sur l'argent, etc. : mais le verre et
le platine présentent quelques inconvéniens
que l'argent ne présente point; ils sont tous
deux attaqués dans l'opération. Le verre l'est
évidemment par la potasse qui peut se former.
Quant au platine, il s'oxide en partie, sans
doute parce que l'oxide de platine peut se
combiner avec l'oxide de *potassium*. Cependant on peut éviter jusqu'à un certain point
ces inconvéniens, et alors se servir de platine, en opérant sur du *potassium* qui n'a
point été dans l'huile, parce que ce métal
brûle à une température très-peu élevée ;
ou bien encore, et alors on les évite complètement, en opérant sur de l'oxide de
potassium peu oxidé qui s'enflamme de lui-
même dans le gaz oxigène.

108. Il étoit nécessaire de déterminer la
quantité d'oxigène entrant dans la composition de l'oxide de *potassium* très-oxidé. Pour
cela, on a rempli de mercure bouilli une cloche A, recourbée à son extrémité et bien

I.   9

sèche (*voyez* pl. 5 , fig. 2); on y a fait passer
une certaine quantité de gaz oxigène bien
sec ,lui - même ; ensuite on a introduit,
jusque dans la partie courbe de cette cloche,
une petite capsule de forme ovale, tantôt
d'argent, tantôt de platine, avec une tige de
fer; puis on a porté, au moyen de la même
tige , une quantité donnée de *potassium*
jusque dans cette capsule; (*voyez* planche 5,
fig. 4, la projection verticale en A , et la
projection horizontale en B, de cette petite
capsule ovale.) Alors, on a chauffé le *potassium* avec une lampe à esprit-de-vin. Bientôt
il a fondu, et quelque temps après, il s'est
enflammé si vivement, et a dégagé tant de
chaleur que la capsule est devenue rouge.
Lorsque la température de la cloche fut re-
venue au même point que celle de l'atmosphère environnante , on a mesuré le résidu gazeux, et on a su ainsi combien il y
avoit eu d'oxigène absorbé : mais comme
une portion auroit pu l'être par la capsule métallique dont on se servoit pour
faire l'opération, on a mis l'oxide de *potassium* en contact avec l'eau; présumant
qu'elle en dégageroit du gaz oxigène, et

le ramèneroit à l'état de potasse. C'est, en effet, ce qui a eu lieu; de sorte que, par ce moyen, on a eu très-exactement la quantité d'oxigène fixée par le *potassium* seulement. Nous allons rapporter les résultats d'un assez grand nombre d'expériences qui ont été faites tantôt dans le platine, tantôt dans l'argent, et toujours à 15° cent. et à $0^m,75$ de pression.

NOMBRE DES EXPÉRIENC.	QUANTITÉ de POTASSIUM EMPLOYÉ.	QUANTITÉ de GAZ OXIGÈN. ABSORBÉ.	QUANTITÉ de GAZ OXIGÈN. dégagé de l'oxid. par l'eau.	Quantité de gaz oxigène absorbé par le vase dans lequel le potassium est placé.	NATURE DU VASE EMPLOYÉ	OBSERVATIONS.
Première.	une mes. M.	parties 118,8	parties 66	parties 13,3	platine	1. On a mesuré les gaz dans le tube gradué T.
Seconde..	idem	102,5	48	15	idem	2. Il faut se rappeler qu'une mesure M de *potassium* absorbe 39p.,5 de gaz oxigène pour passer à l'état de potasse (99).
Troisième	idem	120,5	68	13	idem	3. On voit que dans la 8e. expérience, il y a eu 13 part. d'oxigène que l'eau n'a pas dégagées de l'oxide ; il est probable que cela tient à ce qu'une portion de l'oxide de *potassium* très-oxidé, se sera combinée avec le verre.
Quatrième	idem	104,5	61	4	idem	
Cinquième	idem	130	79	11,5	idem	
Sixième..	idem	128	81	7,5	idem	
Septième.	idem	78	38,5	0	argent	
Huitième.	idem	91	39	12,5	verre	

On voit par ce tableau que le *potas-sium* a pris jusqu'à deux et même jusqu'à trois fois autant d'oxigène qu'il en exige pour passer à l'état de potasse : cependant M. Davy, dans son premier mémoire , a assuré qu'il n'en prenoit pas plus dans ce cas que lorsqu'on le mettoit en contact avec l'eau ; et même il rapporte dans son mé-moire (*Trans. Phil.* pour 1810 , pages 55 et 54), qu'il a confirmé depuis peu de temps ses résultats à cet égard, en opérant sur de grandes quantités de *potassium.*

« J'ai établi, dans la *Lecture Bakerienne*
» pour 1807, dit M. Davy, qu'en brûlant le
» *potassium* et le *sodium* dans le gaz oxi-
» gène, on obtenoit des alcalis purs et parfai-
» tement secs , et j'ai trouvé que dans ce cas,
» 100 parties de *potassium* absorboient en-
» viron 18 parties d'oxigène , et que 100 de
» *sodium* en absorboient environ 54.Comme
» j'avois répété un grand nombre de fois les
» expériences dont j'ai déduit ces résultats ,
» j'avois lieu d'espérer qu'elles étoient à peu
» près exactes, quoique je ne les eusse faites
» qu'avec de très-petites quantités de ma-
» tière ; et je suis heureux de trouver qu'il

» en est ainsi. Les nouveaux résultats que j'ai
» obtenus en opérant sur des portions con-
» sidérables de *potassium* et de *sodium* s'ac-
» cordent sensiblement avec les précédens.
» En effet, lorsqu'on brûle du *potassium*
» et du *sodium* à l'aide de petites auges de
» platine, dans du gaz oxigène desséché par
» de la potasse rougie au feu, l'absorption est
» d'environ $\frac{11}{20}$ de pouce cube pour chaque
» grain de *potassium* consumé, et d'envi-
» ron un pouce cube pour chaque grain
» de *sodium* aussi consumé ».

Et en note, même page, M. Davy ajoute:
« Les quantités de gaz hydrogène dégagé de
» l'eau par le *potassium* et le *sodium* sont
» dans un semblable rapport ».

Quoique M. Davy s'exprime si positive-
ment, nous ne pouvons partager son opinion sur ce point : et il est difficile de
concevoir qu'il ait fait lui-même les expériences; car cet observateur est trop habile
pour ne pas apercevoir des résultats aussi
visibles que ceux dont il vient d'être question.

109. D'ailleurs, quelle que soit la quantité
d'oxigène qu'absorbe le *potassium*, le poids

de l'oxide est toujours égal à celui du *potas-sium* employé et de l'oxigène absorbé ; en sorte qu'il ne s'en dégage aucun produit volatil. C'est ce qu'on a prouvé en brûlant une quantité donnée de ce métal dans une quantité donnée d'oxigène, en tenant compte de l'excès de ce gaz, et pesant l'oxide formé. Cette expérience a présenté quelques difficultés. La plus grande étoit d'empêcher que l'oxide ne fût mêlé de mercure afin d'en avoir précisément le poids. On est parvenu à la faire exactement de la manière suivante : on a fait la combustion du *potas-sium*, ainsi qu'on l'a décrit (108), dans une cloche de verre recourbée, et sur une capsule de platine dont le poids étoit parfaitement connu. Ensuite on a retiré cette capsule en vidant auparavant la cloche de mercure, et on l'a pesée dans un flacon exactement bouché. De cette manière l'oxide étoit pur, puisqu'il n'avoit été en contact ni avec l'air ni avec le mercure ; enfin, pour pouvoir tenir compte de l'excès d'oxigène, on a marqué le niveau du gaz avant de remplir la cloche d'air, de sorte qu'il étoit facile d'en connoître la quantité.

Voici le résultat de trois expériences.

Nombre des expériences.	Potassium employé.	Gaz oxigène absorbé.	Poids de l'oxide.	OBSERVATIONS.
1ère.	gram. 0,119	centil. 5,5	gram. 0,197	Temp. = 0°. Barom. = 0m,76.
2me.	0,125	5,65	0,205	
3me.	0,130	5,57	0,209	

110. Maintenant, examinons les propriétés du nouvel oxide de *potassium* dont nous venons de faire connoître l'existence.

Il est fusible à l'aide de la chaleur, mais beaucoup moins que la potasse à l'alcool, et cristallise en lames par le refroidissement. La couleur en est jaune quand il est pur; mêlé avec un peu d'oxide de platine, il devient plus on moins brun. Mis en contact avec l'eau, il se décompose subitement avec une vive effervescence, et il en résulte beaucoup de chaleur, de la potasse et du gaz oxigène; en sorte que l'eau tendant à s'unir avec la potasse, en sépare de l'oxigène comme les acides en séparent de plusieurs oxides au summum. Son action sur les corps combustibles est très-grande, à l'aide de la chaleur; tous, ou presque tous, comme on va le voir, le ramènent à l'état de potasse, et un très-grand nombre même le décomposent avec une vive lumière.

PREMIÈRE EXPÉRIENCE.

111. On a fait de l'oxide jaune de *potassium* avec environ une mesure M de ce métal, dans une cloche de verre recourbée, pl. 5, fig. 2, et sur une capsule ovale de platine, pl. 5, fig. 4. La combustion étant faite, et la cloche refroidie, on a rempli cette cloche de mercure, et on y a introduit du gaz azote en quantité suffisante; puis environ une demi-mesure M de phosphore bien sec. A froid, l'action a été nulle; mais presqu'aussitôt que le phosphore a été fondu, il y a eu une combustion des plus vives, et il s'est dégagé tant de chaleur que presque toute la capsule en est devenue rouge. Le gaz azote n'a pas sensiblement changé de volume. Une partie du phosphore a été brûlée, et l'autre s'est volatilisée. Le produit ne faisoit

aucune effervescence avec l'eau ; il ne s'y dissolvoit même pas facilement, et il ne s'en exhaloit aucune odeur de phosphore. Cependant l'eau de chaux, de barite, de strontiane y faisoient des précipités très-sensibles. Il en étoit de même des muriates de ces bases. Tous ces précipités disparoissoient dans les acides nitrique et muriatique, et reparoissoient par l'ammoniaque: d'où il est probable que le phosphore forme un phosphate avec excès de base en décomposant l'oxide jaune de *potassium* (1).

DEUXIÈME EXPÉRIENCE.

112. On a mis en contact le soufre avec l'oxide de *potassium* de la même manière que le phosphore, et on a opéré sur les mêmes quantités de part et d'autre. Ce n'est qu'en élevant assez fortement la température du soufre avec une lampe à esprit-de-vin que la décomposition de l'oxide par ce corps a eu lieu. La lumière dégagée n'a

---

(1) On sait que le phosphate de potasse avec excès de base, fortement chauffé, résiste à l'action de l'eau.

point été très-vive. Cependant le produit ne faisoit plus effervescence avec l'eau ; il sentoit un peu le foie de soufre, et précipitoit par le nitrate de barite : d'où on peut conclure que tout l'oxide avoit été décomposé, et qu'il en étoit résulté un peu de sulfure et beaucoup de sulfate de potasse.

TROISIÈME EXPÉRIENCE.

113. On a mis en contact avec l'oxide de *potassium*, du charbon fortement calciné et bien pulvérisé. La quantité de *potassium* et de charbon étoit à peu près la même que celle du phosphore et du *potassium* dans l'expérience précédente. La manière d'opérer étoit aussi la même ; seulement, on a porté le charbon sur l'oxide avec des petites pinces recourbées à leur extrémité, et terminées par deux cavités en forme de cuiller, appliquées et usées l'une sur l'autre (*voyez* la forme de ces petites pinces, pl. 5, fig. 1 ; en A, elles sont représentées de face ; et en B, de côté). La combustion n'a eu lieu que lorsque la température a été très-fortement élevée avec la lampe à esprit-de-vin. Cette

combustion a été très-vive, ou bien ac-
compagnée de chaleur et de lumière; le
produit qui en est résulté ne faisoit plus
effervescence avec l'eau, en faisoit une très-
vive avec les acides, précipitoit abondamment par l'eau de chaux, étoit blanc. C'étoit
du carbonate de potasse avec excès de potasse.

QUATRIÈME EXPÉRIENCE.

114. On a essayé successivement l'action
de la résine, du bois de hêtre, et de l'albu-
mine en poudre sur l'oxide jaune de *potassium*, absolument de la même manière que
celle du charbon sur cet oxide. Dans les
trois cas, l'oxide a été décomposé et ramené
à l'état de potasse avec un grand dégagement de lumière.

Dans le premier cas, la décomposition
s'en est faite à une basse température, et elle
n'a eu lieu dans le second et troisième qu'à
la température presque la plus forte qu'on
puisse produire avec la lampe. Il s'est développé en même temps dans les trois cas
beaucoup de gaz hydrogène oxi-carburé;

et dans le dernier, il s'en est dégagé même avant que la combustion ne commençât.

CINQUIÈME EXPÉRIENCE.

115. On a mis en contact, comme précédemment avec l'oxide jaune de *potassium*, les huit métaux suivans, savoir : l'étain, l'arsenic, l'antimoine, le zinc, le cuivre, le bismuth, le plomb et le fer, tous réduits en poudre. On a opéré sur deux mesures M de *potassium*, et à peu près sur une égale quantité de ces métaux en limaille fine : l'oxide de *potassium* a toujours été décomposé et ramené à l'état de potasse, quelquefois avec un grand dégagement de lumière; c'est ce qui a lieu avec l'étain, l'antimoine et l'arsenic. Le dégagement de chaleur et de lumière a été surtout si grand avec l'étain, que non-seulement la capsule de platine, mais encore le verre lui-même a rougi. D'autres fois, le dégagement de lumière a été beaucoup moindre; c'est ce qui est arrivé avec le zinc et surtout avec le cuivre. Enfin, d'autres fois, il n'y a point eu de dégagement de lumière; c'est ce qu'on

a observé avec le bismuth , le plomb et le
fer. Dans tous les cas, chacun de ces métaux a toujours été oxidé, mais il a fallu
élever fortement la température avec la
lampe à esprit-de-vin. Plusieurs d'entre
eux, particulièrement l'étain, l'arsenic, le
zinc, et peut-être tous les autres se sont
combinés avec la potasse. En général, les
produits ne faisoient plus effervescence avec
l'eau, excepté dans les points où le contact
entre le métal et l'oxide n'avoit point eu
lieu. En mettant ainsi de l'eau sur le produit, on obtenoit, sous la forme de flocons
différemment colorés, tout l'oxide du métal
employé; à moins qu'il ne fût soluble dans
la potasse. C'est surtout ce qui étoit remarquable dans le produit provenant de l'action du fer sur l'oxide de *potassium*; on y
distinguoit tant d'oxide rouge de fer, que
la liqueur en étoit jaune rougeâtre.

SIXIÈME EXPÉRIENCE.

116. On a traité l'oxide de *potassium* par
le *potassium*, de la même manière que par
l'antimoine, l'étain, l'arsenic, etc. A froid,

il n'y a point eu d'action ; mais à une température suffisamment élevée, il y a eu décomposition de l'oxide, dégagement de lumière, et production de potasse. Il paroît seulement qu'on n'avoit point ajouté assez de *potassium* pour en ramener tout l'oxide à l'état de potasse, en sorte que le produit contenoit encore un peu d'oxide jaune.

SEPTIÈME EXPÉRIENCE.

117. Après avoir préparé de l'oxide jaune de *potassium*, avec deux mesures M de ce métal dans une cloche de verre recourbée (pl. 5, fig. 2), on l'a remplie de mercure, et on y a introduit du gaz hydrogène bien sec. Tant que la température n'a point été élevée, le gaz hydrogène n'a point agi sur l'oxide ; mais aussitôt qu'elle l'a été suffisamment au moyen d'une lampe à esprit-de-vin, l'absorption du gaz hydrogène a été assez rapide. Il s'est formé beaucoup d'eau, dont une grande partie ruisseloit sur les parois de la cloche. En même temps, l'oxide blanchissoit et passoit à l'état de potasse. Aussi le produit, après l'expérience,

ne faisoit-il aucune effervescence avec l'eau; cependant ces phénomènes n'étoient accompagnés d'aucun dégagement de lumière.

Si on substitue, dans cette expérience, le gaz hydrogène phosphuré ou sulfuré, au gaz hydrogène, les résultats en sont encore les mêmes, excepté qu'il y a dégagement de lumière et formation de sulfure, qui, mis dans la bouche, y répand l'odeur et la saveur d'œufs pourris, et formation de phosphure qui, mis dans l'eau, dégage du gaz hydrogène phosphuré.

HUITIÈME EXPÉRIENCE.

118. Oxide jaune de *potassium* } Quantité proven. d'environ deux mesures M de ce métal.

Gaz ammoniac... Un excès.

OBSERVATION.

Faire l'expérience comme la précédente.

A froid, l'action n'est pas sensible; il faut même une grande partie de la chaleur qu'on peut produire avec la lampe à esprit-de-vin pour qu'elle ait lieu; il en résulte de la vapeur d'eau qu'on aperçoit d'une manière très-sensible, un dégagement de gaz azote, une absorption considérable de gaz, point de lumière.

NEUVIÈME EXPÉRIENCE.

119. Oxide jaune de *potassium*	Quantité proven. d'environ deux mesures M de ce métal.	OBSERVATION.
Gaz acide muriatique. Un excès.		Faire l'expérience comme la précéd.

Ce n'est qu'en élevant la température avec une lampe à esprit-de-vin que l'action a eu lieu. Une grande quantité de gaz acide a été absorbée ; beaucoup d'eau s'est condensée en gouttelettes sur les parois de la cloche ; du gaz oxigène s'est dégagé ; il s'est formé du muriate de potasse blanc jaunâtre ; il ne s'est point formé de gaz acide muriatique oxigéné, et il n'y a point eu production de lumière. Ainsi, on voit que l'acide muriatique a dégagé une certaine quantité d'oxigène de l'oxide jaune de *potassium*, et l'a ramené à l'état de potasse ; qu'en se combinant avec cette potasse, il a abandonné l'eau qui entre dans sa composition ; et que cette eau, jointe à l'élévation de température, s'est opposée à ce qu'il se fît du gaz muriatique oxigéné.

DIXIÈME EXPÉRIENCE.

120. Oxide jaune de *potassium*	Quantité proven. d'environ deux mesures M de ce métal.	OBSERVATION. Faire l'expérience comme la précéd.
Gaz acide carbonique. Un excès.		

Aussitôt que la température a été assez élevée, le gaz acide carbonique a été absorbé; il s'est formé un carbonate de potasse faisant vive effervescence avec les acides; il s'est dégagé du gaz oxigène, et il ne s'est pas déposé la plus légère trace d'eau sur les parois de la cloche. Après l'expérience, on a mis le produit dans l'eau; il s'y est dissous, sauf quelques flocons jaunes d'oxide de platine, et il s'en est dégagé quelques bulles d'oxigène.

ONZIÈME EXPÉRIENCE.

121. Oxide jaune de *potassium*.
Gaz sulfureux.

Cette expérience a été faite avec bien plus de précautions encore que celles qui précèdent. En effet, avant de faire l'expérience, on a pesé très-exactement, non-seulement l'oxide jaune de *potassium*, mais encore le gaz sulfureux (dont on a trouvé la pesanteur spécifique égale à 2,2553 , celle de l'air étant 1); et à la fin de l'expérience, on a pesé avec le même soin le sulfate, et le gaz oxigène provenant de l'action du gaz sulfureux sur l'oxide.

Pour préparer l'oxide jaune, on s'est servi de *potassium* qui n'avoit point été en contact avec l'huile. La préparation en a été faite de la même manière qu'on l'a décrite (107), c'est-à-dire, dans une cloche pleine de gaz oxigène, et contenant une petite capsule de platine où étoit placé le *potassium*. Cela fait, on a rempli cette cloche d'air pour en retirer la capsule de platine sans qu'elle touchât le mercure; on l'a mise dans un flacon de verre, on l'y a pesée, et on a eu ainsi le poids de l'oxide; car on connoissoit celui de la capsule. D'une autre part, on s'est procuré une cloche de verre recourbée qui contenoit jusqu'à quinze centilitres; on l'a séchée; on l'a remplie de mercure sec, et on y a fait passer une quantité déterminée de gaz sulfureux privé d'eau hygrométrique; puis on y a introduit la capsule de platine à laquelle l'oxide de *potassium* étoit très-adhérent; on a porté cette capsule au moyen d'une tige de fer dans la partie courbe de la cloche, et on l'a chauffée peu à peu avec la lampe à esprit-de-vin. Bientôt il y a eu une vive inflammation; l'absorption a été considérable et presque instantanée. Il s'est formé du sulfate de potasse, et il s'est dégagé un peu de gaz oxigène, mais point de trace de vapeur d'eau. L'appareil étant refroidi, on a mesuré le résidu gazeux dans le tube gradué, et on en a séparé le gaz sulfureux et le gaz oxigène dont il étoit composé. Ensuite on a retiré le plus promptement possible de la cloche alors pleine de mercure, la capsule de platine qui contenoit tout le sulfate de potasse formé dans l'opération; on l'a mise aussitôt dans une autre cloche pleine de gaz azote sec; on l'y a chauffée avec la lampe à esprit-de-vin pour en dégager les globules mercuriels qu'elle avoit entraînés; et enfin, on l'a pesée dans un flacon de verre bien sec; on a retranché du poids obtenu celui de la capsule seule, et on a eu le poids du sulfate qu'elle contenoit.

On a trouvé que le poids du sulfate, plus celui du gaz oxigène dégagé et du gaz sulfureux non absorbé, représentoient le poids de l'oxide de *potassium* et du gaz sulfureux employé. Cette expérience a été répétée plusieurs fois, et toujours les résultats en ont été les mêmes.

DOUZIÈME EXPÉRIENCE.

122. Oxide jaune de *potassium.* $\left\{\begin{array}{l}\text{Quantité provenant d'envi-}\\\text{ron deux mesures M de ce}\\\text{métal.}\end{array}\right.$

Gaz oxide nitreux........ Un excès.

On a fait cette expérience comme la précédente, excepté qu'on n'a pesé exactement ni l'oxide de *potassium*, ni le gaz oxide nitreux. L'action n'a pas été sensible à froid ; elle a été au contraire très-grande à chaud : il y a eu une absorption considérable de gaz, formation d'une assez grande quantité de gaz acide nitreux très-rouge, et en même temps d'un sel qui restoit fondu dans la cornue, et qu'il a été facile de reconnoître au moyen de l'acide sulfurique étendu d'eau, et de charbons rouges pour du nitrite de potasse. D'ailleurs, on n'a point aperçu la plus légère trace d'eau ; ainsi, il faut concevoir que dans ces expériences le gaz oxide nitreux s'est combiné avec l'excès d'oxigène de l'oxide jaune de *potassium*, et a formé

de l'acide nitreux dont une partie s'est dégagée, et dont l'autre s'est combinée avec la
potasse provenant de l'oxide décomposé.

Si on substitue le gaz oxide d'azote au
gaz oxide nitreux, il ne se produit aucun
des phénomènes que l'on vient de décrire;
l'oxide de *potassium* reste jaune et n'est
nullement décomposé. Aussi, après avoir
été long-temps en contact à chaud avec le
gaz oxide d'azote, l'oxide de *potassium*
fait-il toujours effervescence avec l'eau, et
donne-t-il toujours lieu à un grand dégagement de gaz oxigène.

123. Après avoir déterminé les divers degrés d'oxidation du *potassium*, et examiné
les principales propriétés des divers oxides
de ce métal, on a fait des recherches analogues sur le *sodium*. Il existe un oxide de
sodium au minimum, de même qu'il en
existe un de *potassium*. On le fait de la
même manière que celui-ci. Cet oxide est
gris-blanc, sans aucun éclat métallique,
cassant, susceptible de donner beaucoup
d'hydrogène avec l'eau, mais moins que le
sodium.

Outre cet oxide de *sodium*, il en existe

encore deux autres, de sorte que l'on connoît autant d'oxides de *sodium* que d'oxides
de *potassium* : l'un d'eux est celui qui cons-
titue la soude, et se forme toutes les fois
qu'on met le *sodium*, ou l'un des autres
oxides de *sodium*, en contact avec l'eau.

Le troisième oxide, ou l'oxide au
maximum de *sodium*, ne se forme jamais
soit par l'eau, dans aucune circonstance,
soit par l'air ou le gaz oxigène à froid; mais
on l'obtient pur et facilement, en faisant
brûler vivement le *sodium* dans le gaz oxigène, à l'aide de la chaleur. La préparation
peut s'en faire dans une cloche de verre
recourbée, à l'instar de celle de l'oxide
jaune de *potassium*, c'est-à-dire, en plaçant le métal dans une capsule d'argent ou
de platine. On détermine très-facilement,
par ce moyen, la quantité d'oxigène que
contient cet oxide; c'est pourquoi ce moyen
a été préféré à tout autre. Comme on l'a
déjà décrit au sujet de l'analyse de l'oxide
jaune de *potassium* (107), on ne le décrira
point de nouveau; on se contentera de
rapporter les résultats qu'on a obtenus.

EXPÉRIENCES.	SODIUM EMPLOYÉ.	OXIGÈNE ABSORBÉ.	OXIGÈNE dégagé de l'oxid. par l'eau.	OXIGÈNE absorbé par le vase où étoit placé le sodium.	NATURE du vase où étoit placé le sodium.	OBSERVATIONS.
Première.	une mes. M.	parties 130	parties 42	parties 14	platine	1. Il faut se rappeler qu'une mesure M de sodium absorbe 148 parties de gaz oxigène pour passer à l'état de sonde (101).
Seconde..	idem	110,5	30	6,5	idem	
Troisième.	idem	123,5	37,5	12	idem	2. On voit qu'aucune portion d'oxide de sodium très-oxidé ne s'est combinée avec le verre. Il n'en est pas de même de l'oxide de potassium très-oxidé (108).
Quatrième	idem	104	30	0	argent	
Cinquième	idem	94	20	0	verre	

Il résulte de ces expériences, que le *sodium* peut prendre jusqu'à une fois et demie, et même plus, d'oxigène qu'il n'en exige pour passer à l'état de soude, et que le poids de l'oxide de *sodium* est toujours égal à celui du *sodium* employé et de l'oxigène absorbé; en sorte qu'en brûlant il ne s'en dégage rien, et que sous ce rapport il ressemble complètement au *potassium*.

124. L'oxide de *sodium* au *summum* a beaucoup d'analogie avec l'oxide au summum de *potassium*. La couleur en est jaune verdâtre sale, lorsqu'il est préparé dans des substances telles que le verre ou l'argent qui n'y portent aucune matière colorante; mais il est brun lorsqu'il est préparé dans le platine, à cause de l'oxide de platine avec lequel il se trouve alors combiné. Il est fusible à l'aide de la chaleur, mais beaucoup moins que la soude à l'alcool, et même que l'oxide de *potassium*. Mis en contact avec l'eau, il est décomposé tout à coup: et il en résulte, d'une part, un dégagement subit de gaz oxigène; et de l'autre, une certaine quantité de soude qui reste en dissolution dans la liqueur. Traité par les

corps combustibles, à l'aide d'une chaleur plus ou moins forte, il leur abandonne une portion de son oxigène et repasse à l'état de soude ; du moins, tel est le résultat de l'action qu'exercent sur lui le phosphore, le charbon le plus fortement calciné, et l'étain. Ainsi, il se comporte avec ces corps comme l'oxide jaune de *potassium* ; c'est encore comme cet oxide qu'il agit sur les gaz acides carbonique et sulfureux. On trouve la preuve de toutes ces assertions dans les expériences suivantes que l'on a faites absolument comme celles qui sont relatives à l'action de l'oxide de *potassium* sur les divers corps (*voyez* 112 et suivans).

PREMIÈRE EXPÉRIENCE.

1 25. Oxide de *sodium*.. { Quantité provenant d'environ deux mesures M de ce métal.

Phosphore........ Un excès.

A froid, il n'y a point eu d'action ; mais en élevant la température avec une lampe à esprit-de-vin, il y en a eu une très-vive. Il s'est dégagé tant de lumière et de chaleur, que la capsule de platine et même la cloche ont rougi , et il s'est formé tout à la fois du phosphate et du phosphure de potasse. Le produit contenoit même assez de phosphure , pour que , jeté dans l'eau , l'on vît bientôt paroître des bulles de gaz hydrogène phosphuré qui s'enflammoient par leur contact avec l'air.

DEUXIÈME EXPÉRIENCE.

1 26. Oxide de *sodium*.......... { Quantité provenant d'environ deux mesures M de ce métal.

Charbon calciné en poudre. Un excès.

Ce n'est presque qu'à la plus haute température qu'on puisse produire avec la lampe à esprit-de-vin , que le charbon a agi sur l'oxide jaune-verdâtre de *sodium*. Il en est résulté du sous-carbonate de soude blanc, sans qu'il y ait eu dégagement de lumière.

TROISIÈME EXPÉRIENCE.

1 27. Oxide de *sodium*. . { Quantité provenant d'environ trois mesures M de ce métal.

Etain en limaille... Un excès.

Ce n'est également qu'à une température élevée que l'étain a agi sur l'oxide de *so-*

dium. Il n'y a point eu de lumière dégagée, et il s'est formé une combinaison de soude et d'oxide d'étain.

QUATRIÈME EXPÉRIENCE.

128. Oxide de *sodium*......... { Quantité provenant d'environ deux mesures M de ce métal.

Gaz acide carbonique sec.. Un excès.

Le gaz acide carbonique ne décompose point à froid l'oxide de *sodium*. Ce n'est même qu'à une température assez élevée, mais qu'on peut toutefois produire avec la lampe, qu'on en opère la décomposition; elle a lieu sans lumière, de même que sans production d'eau, et il en résulte un sous-carbonate de soude et un dégagement de gaz oxigène. Pour la rendre complète, il faut chauffer long-temps, et il faut surtout que la couche d'oxide de *sodium* soit très-mince.

CINQUIÈME EXPÉRIENCE.

129. Oxide de *sodium*.

Gaz acide sulfureux sec.

Le gaz acide sulfureux a une action sensible à froid sur l'oxide de *sodium* ; car à peine le touche-t-il, qu'il le rend gris-blanc ; mais son action est bien plus forte sur cet oxi- de à l'aide de la chaleur ; en effet, quelque temps après qu'on a chauffé avec la lampe ces deux corps ensemble, l'oxide s'embrase, la chaleur et la lumière qui se dégagent sont extraordinaires ; toute la capsule de platine, et une partie de la cloche rougissent ; toute la matière entre en fusion ; le gaz sulfureux est absorbé très-rapidement, et en très- grande quantité ; il l'est totalement lorsqu'il y a un excès d'oxide ; enfin il se forme du sulfate et du sulfure de soude. On voit donc que l'oxide de *sodium* ne contient point assez d'oxigène pour ne former, avec l'a- cide sulfureux, que du sulfate de soude. On a vu au contraire que l'oxide de *potas- sium* en contenoit plus qu'il n'en faut pour former, avec ce même acide, du sulfate de potasse, et que par cette raison il s'en dégageoit une portion lorsqu'on faisoit agir ces deux corps l'un sur l'autre.

Quoi qu'il en soit, le poids du sulfate et du sulfure de soude qui se forment dans cette expérience, est précisément égal à celui de l'oxide de *sodium* employé et du gaz acide sulfureux absorbé; en sorte qu'il ne se dégage point la plus légère trace d'eau ou de parties volatiles.

130. Tels sont les divers oxides de *potassium* et de *sodium* connus jusqu'ici, et telles sont leurs propriétés les plus remarquables; tels sont aussi les moyens les plus directs de les obtenir; cependant il en est plusieurs autres que l'on peut employer avec succès. On ne parlera point de ceux par lesquels on peut former les deux oxides au minimum, parce qu'on peut facilement les prévoir. Il ne sera question que de ceux qui ont pour objet la formation des oxides au maximum.

131. D'abord on observera que l'on forme tout aussi bien les oxides jaunes de *potassium* et de *sodium*, dans l'air que dans le gaz oxigène, pourvu qu'on élève la température de ces métaux et qu'on les fasse brûler vivement. La formation de l'oxide très-oxidé de *potassium* a même lieu à froid dans le gaz oxigène; mais, pour oxigéner facilement par ce moyen le *potassium* jusqu'au centre, il faut multiplier autant que

possible les points de contact. Au contraire, la formation de l'oxide de *sodium* très-oxidé n'a jamais lieu dans cette circonstance, quelque divisé même que soit ce métal (1). On le verra clairement par les expériences dont les résultats sont rapportés dans le tableau suivant. Ces expériences ont été faites à la température de 15°, et à la pression de 0^m,75.

---

(1) Il faut que le gaz oxigène soit bien sec ; car s'il contenoit de l'eau hygrométrique , le *sodium* passeroit d'abord à l'état d'oxide au minimum , et ensuite à l'état d'oxide au medium ou bien de soude. (*Voyez* le n° 123 ; *voyez* aussi l'article relatif à la détermination de la quantité d'eau contenue dans les alcalis , 2e vol.

EXPÉRIENCES.	POTASSIUM EMPLOYÉ.	GAZ OXICÈNE EMPLOYÉ.	DURÉE DU CONTACT.	GAZ RÉSIDU.	GAZ ABSORBÉ.	Gaz oxigène dégagé par l'eau de l'oxide formé.
Première..	une mes. M.	242	deux mois.	170	72	33
Seconde..	idem	238	idem	158	80	41

EXPÉRIENCES.	SODIUM EMPLOYÉ.	GAZ OXIGÈNE EMPLOYÉ.	DURÉE DU CONTACT.	GAZ RÉSIDU.	GAZ ABSORBÉ.	Gaz hydrog. dégagé de l'eau par le sodium non brûlé.
Première..	une mes. M.	250	deux mois.	248	2	146
Seconde..	idem	243	idem	240	3	144

132. On peut encore obtenir les oxides de *potassium* et de *sodium* au summum, en traitant le *potassium* et le *sodium*, par certains oxides métalliques, et surtout par ceux qui ne tiennent pas beaucoup à l'oxigène; et on les obtient également en traitant ces métaux, savoir : le *potassium* par le gaz oxide nitreux et le gaz oxide d'azote; et le *sodium* par le gaz oxide d'azote seulement. Mais il arrive que, si ces gaz sont en assez grande quantité, et qu'on les fasse agir assez long-temps sur le *potassium* et le *sodium*, il se forme bientôt des nitrites de potasse et de soude. Ces divers résultats vont être mis hors de doute par les expériences qui suivent.

PREMIÈRE EXPÉRIENCE.

133. On a rempli de ~~mercure bouilli~~ une cloche recourbée et bien sèche, pl. 5, fig. 2. On y a fait passer 285 parties de gaz nitreux du tube gradué T; puis, on y a porté une capsule ovale de platine; ensuite on a porté dans cette capsule une petite mesure M de *potassium*, et on a chauffé avec la lampe à

I.   11

esprit-de-vin. Le métal s'est fondu et est devenu gris à la surface; quelque temps après il s'est découvert, a lancé une multitude d'étincelles qui alloient en divergeant, s'est étendu, et a pris une couleur jaune chocolat. Alors il étoit transformé en un oxide d'où l'eau pouvoit dégager beaucoup d'oxigène. Jusques-là on n'avoit observé qu'une très-foible absorption; mais en continuant l'action du feu, elle n'a point tardé à être très-rapide. En même temps qu'elle avoit lieu dans un degré aussi marqué, l'oxide très-oxidé qui s'étoit formé d'abord et qui étoit jaune chocolat, perdoit de sa couleur, et passoit peu à peu au blanc légèrement vert. Une fois devenu blanc, l'absorption a cessé. On a mesuré le résidu; il s'élevoit à 129 parties, et étoit composé de gaz oxide nitreux et de gaz azote : donc plus de 156 parties de gaz avoient été fixées successivement par le *potassium*. Cela fait, on a examiné le produit solide résultant de l'action long-temps continuée du gaz oxide nitreux sur le *potassium*. La saveur en étoit fraîche; la couleur blanche un peu verte. Il se dissolvoit dans l'eau sans effervescence. Projeté sur les charbons rouges, il en augmentoit la combustion à la manière du nitre. Mis en contact avec l'acide sulfurique, il s'en dégageoit tout de suite d'abondantes vapeurs rouges : c'étoit donc un nitrite.

On a répété plusieurs fois cette expérience, en s'arrêtant à la première combustion, c'est-à-dire au moment où le *potassium* se trouve changé en matière de couleur jaune chocolat. On a mis cette matière avec de l'eau ; elle s'y est dissoute, et il s'en est dégagé plus ou moins de gaz oxigène, selon que le gaz oxide nitreux avoit agi pendant plus ou moins de temps sur le *potassium* : mais il s'en faut de beaucoup qu'il s'en soit dégagé autant que de l'oxide jaune de *potassium* provenant de la combustion de ce métal dans le gaz oxigène.

DEUXIÈME EXPÉRIENCE.

134. On a traité le *potassium* par le gaz oxide d'azote absolument de la même manière que par le gaz oxide nitreux. On a opéré sur une mesure M de *potassium*, et sur 259

parties de gaz oxide d'azote du tube gradué T. L'expérience étant tout-à-fait terminée, il n'y en avoit plus que 227 : donc l'absorption a été de 32 en volume, mais d'une quantité bien plus considérable en poids; car le gaz oxide d'azote , par l'effet de la chaleur et de son action sur le *potassium*, s'est converti en gaz nitreux et azote. Du reste, on a observé dans cette expérience les mêmes phénomènes que dans la précédente. Le métal étant découvert, s'est enflammé en lançant des étincelles ; il a passé à l'état d'oxide jaune chocolat, et peu à peu est devenu blanc. Pendant ce changement de couleur, le mercure a monté dans la cloche ; il a cessé d'y monter dès que le changement a été tout-à-fait opéré. La matière blanche étoit un véritable nitrite très-fusible à l'aide de la chaleur , faisant brûler très-vivement les charbons rouges, et dégageant beaucoup de gaz acide nitreux avec l'acide sulfurique.

Il est probable que la formation de ce nitrite ne provient que de ce qu'au moment où une portion de gaz oxide d'azote oxide le *potassium*, une autre portion d'oxide

d'azote, par l'effet de la chaleur produite (1),
est changée en gaz nitreux ; lequel peut,
ainsi qu'on l'a vu précédemment, faire un
nitrite avec l'oxide très-oxidé de *potassium :* du moins , c'est ce qu'autorise à
penser l'inaction du gaz oxide d'azote sur
l'oxide de *potassium.*

TROISIÈME EXPÉRIENCE.

135. On a traité le *sodium* par le gaz
oxide d'azote à une température élevée. On
a opéré sur une mesure M de *sodium,* et
sur 310 parties de gaz oxide d'azote du tube
gradué T. On a fait cette expérience comme
les deux précédentes : elle a présenté les
mêmes phénomènes que la dernière, c'est-
à-dire que le métal s'est enflammé en lançant des étincelles (2); qu'il en est résulté

---

(1) On sait qu'à une température élevée le gaz oxide
d'azote est décomposé et transformé en gaz oxide nitreux et en azote.

(2) Il arrive quelquefois qu'en traitant à chaud le
potassium par le gaz oxide nitreux et le gaz oxide
d'azote, et le *sodium* par le gaz oxide d'azote, la combustion est si vive, que le mercure est fortement re-

d'abord un oxide jaune chocolat, et ensuite
un nitrite blanc. L'absorption n'a été que
de 38 parties; mais on doit faire à cet égard
les mêmes observations qu'à l'égard de l'absorption produite dans la seconde expérience (134). On voit donc évidemment que

---

foulé et les cloches projetées au loin et même brisées.
On n'a point recherché pourquoi ces métaux brûloient
tantôt lentement et tantôt très-rapidement dans ces gaz.
Quoi qu'il en soit, on peut s'en servir pour les analyser,
pourvu qu'on ait la précaution de n'agir à la fois que
sur une demi-mesure M, et d'en ajouter une autre
demi-mesure, et même une troisième si les deux premières ne suffisoient pas. Les deux analyses suivantes
ont été faites de cette manière.

Analyse du gaz oxide nitreux.

Gaz oxide nitreux... 150 parties du tube gradué T.
Potassium.......... un excès.
Gaz azote obtenu.... 75

Donc 100 parties de gaz oxide nitreux sont composées de parties égales en volume d'azote et d'oxigène.

Analyse du gaz oxide d'azote.

Gaz oxide d'azote... 140
Potassium.......... un excès.
Gaz azote obtenu ... 139

Donc 100 parties de gaz oxide d'azote sont composées
en volume de 100 parties de gaz azote et 50 de gaz
oxigène.

le *potassium* et le *sodium* passent dans ces différentes circonstances, d'abord à l'état d'oxide au summum, du moins en partie, et ensuite à l'état de nitrite.

136. Le *potassium* et le *sodium* étant susceptibles de prendre plus d'oxigène qu'ils n'en exigent pour passer à l'état de potasse et de soude, il étoit naturel de rechercher si la potasse et la soude elles-mêmes préparées à l'alcool, et poussées au rouge, ne seroient pas susceptibles de s'oxigéner.

Ces recherches, que l'on a faites avec un grand soin, ont été suivies d'heureux résultats. En effet, lorsqu'on tient au rouge, et avec le contact de l'air, de la potasse ou de la soude dans un creuset d'argent, de platine ou de terre, elles passent à l'état d'oxide au summum, à tel point qu'en les traitant par de l'eau, on en dégage tout de suite du gaz oxigène. On réussit très-bien dans un creuset d'argent, parce que ce métal n'est point attaqué; on réussit moins bien dans un creuset de platine, parce qu'il se forme un oxide de platine qui tend à se combiner avec la potasse; on réussit moins bien encore dans les creusets de terre, à cause de l'action de l'alcali sur la silice et l'alumine. La potasse s'oxide dans tous les cas plus facilement que la soude : aussi prend-elle dans l'espace de sept à huit minutes une teinte très-foncée, et en dégage-t-on beaucoup d'oxigène en la dissolvant dans l'eau. Il est très-probable que pendant l'oxidation des alcalis, l'eau qu'ils contiennent se dégage; car l'eau tend sans cesse à ramener au medium, ou bien à l'état de potasse ou de soude, les oxides de *potassium* et de *sodium* qui sont au summum et au minimum.

157. Lorsque les alcalis sont combinés avec l'acide carbonique, il est impossible, par la calcination, de les porter au summum d'oxidation; car lorsqu'ils sont très-oxidés, l'acide carbonique en dégage du gaz oxigène et les fait passer à l'état de carbonate alcalin.

Mais si au lieu de les calciner à l'état de carbonate, on les calcine à l'état de nitrate, il en résulte tout de suite des oxides au summum; d'autant plus que les élémens de l'acide nitrique sont séparés et que les alcalis sont secs. On peut s'en convaincre, même en projetant des nitrates de potasse et de soude dans un creuset rouge, et en les y tenant assez long-temps pour en opérer la décomposition.

138. Puisque les oxides au summum de *potassium* et de *sodium* se forment dans tant de circonstances différentes, on ne regardera pas comme déraisonnable de soupçonner qu'ils existent dans la nature; peut-être les trouveroit-on dans quelques produits volcaniques.

139. Il existoit trop d'analogie entre la potasse et la soude, et les autres bases salifiables, et surtout la barite, pour que, les deux premières étant susceptibles de s'oxider, nous ne fissions pas des expériences sur les autres, dans l'intention de savoir si elles jouissoient de cette propriété. Jusqu'à présent, quelqu'effort que nous ayons fait, nous ne l'avons encore reconnue que dans la barite, qui la possède à un degré très remarquable. On a rempli une cloche de verre recourbée, de gaz oxigène sec; on y a introduit quelques petits fragmens de barite provenant du nitrate de cette base calcinée au plus grand feu de forge; ensuite on l'a

chauffée peu à peu avec la lampe à esprit-
de-vin. D'abord le gaz oxigène s'est dilaté;
mais bientôt il a été absorbé si rapidement,
qu'à peine on avoit le temps de le rempla-
cer assez promptement pour empêcher le
mercure d'arriver jusqu'au haut de la
cloche. Quoique cette absorption fût rapide, il ne s'est point dégagé de lumière.
La barite s'est comme fondue, ou du moins
s'est fortement fritée à la surface, et en
même temps est devenue sensiblement plus
grise qu'elle n'étoit. L'absorption ayant cessé
d'avoir lieu, on a rempli la cloche de mercure et on y a fait passer du gaz hydrogène;
puis on a chauffé avec la lampe à esprit-de-
vin. Bientôt le gaz hydrogène a été rapidement absorbé, et en très-grande quantité.
Des étincelles sont sorties de la barite; il ne
s'est dégagé aucune trace de vapeur d'eau;
l'eau qui s'est formée a été retenue toute entière par la barite: aussi d'infusible qu'elle
étoit, cette base est-elle devenue très-fusible.

140. Ces expériences suffisent sans doute
pour prouver que la barite est susceptible
d'absorber beaucoup d'oxigène, et de former
un oxide décomposable avec lumière par

l'hydrogène. Cependant, craignant qu'on ne fût tenté d'attribuer la propriété d'absorber l'oxigène, dont jouit la barite extraite de nitrate, à une portion de nitrite que le feu n'auroit pas décomposé, ou bien à de l'azote que le feu n'auroit point dégagé; on a préparé une certaine quantité de cette base, en mêlant intimement un excès de carbonate de barite pur avec du noir de fumée, et en poussant ce mélange au feu de forge. A la vérité, la barite ainsi obtenue étoit mêlée avec beaucoup de carbonate; mais il y en avoit assez de pure pour rendre le phénomène très-sensible. En effet, ayant répété l'expérience avec cette sorte de barite dans laquelle on ne pouvoit soupçonner ni la présence de l'azote, ni celle de l'acide nitreux, ni celle enfin du charbon, (elle se dissolvoit complètement dans l'acide nitrique ou muriatique,) on a obtenu les mêmes résultats qu'avec la barite provenant du nitrate; car, aussitôt que la température a été suffisamment élevée, elle a absorbé le gaz oxigène, et il en est résulté un oxide qui ensuite a pu absorber beaucoup d'hydrogène.

Peut-être, malgré tout cela, ne sera-t-on pas convaincu, et sera-t-on tenté d'attribuer l'absorption de l'hydrogène au carbonate, que cette base ainsi préparée contient; mais on s'est assuré que le carbonate de barite n'a aucune action sur ce gaz, même à une température plus élevée que celle à laquelle l'hydrogène est absorbé par l'oxide de barite. Il est donc bien certain que la barite peut se combiner avec l'oxigène: pourtant il faut pour cela, qu'elle soit sèche, ou bien, privée de l'eau qu'une chaleur rouge ne peut en dégager; du moins les expériences qu'on a faites sur de la barite cristallisée et chauffée au rouge, autorisent à le croire.

141. La barite saturée d'oxigène jouit de propriétés remarquables. Nous ne les avons point encore toutes étudiées : nous savons seulement qu'elle est légèrement colorée; que plusieurs corps combustibles et l'eau elle-même lui enlèvent une partie d'oxigène, et qu'un violent coup de feu en dégage également une certaine quantité de ce gaz: car s'il n'en n'étoit point ainsi, la barite qui provient du nitrate et qu'on a fortement

calcinée devroit être au summum d'oxidation, et c'est ce qui n'est pas.

Résumé des expériences précédentes.

142. Il résulte de toutes ces expériences;
1re. qu'il existe trois oxides de *potassium* et
de *sodium;* 2e. que les oxides de *potassium*
et de *sodium* au minimum, ne peuvent être
obtenus sûrement qu'en faisant agir, à froid,
une petite quantité d'air humide sur ces métaux; 3e. que les oxides au maximum se forment, au contraire, dans un grand nombre
de circonstances différentes; que cependant
pour les avoir purs et facilement, il faut
préférer la combustion rapide à tout autre
procédé; 4e. que les oxides au medium,
qui ne sont autre chose que la potasse et la
soude, résultent constamment de l'action
de l'eau, soit sur le *potassium* et le *sodium*,
soit sur les oxides au minimum et au
maximum de ces deux métaux; 5e. que les
oxides au minimum sont remarquables en
ce qu'ils sont cassants, ternes, très-combus-
tibles, et que mis en contact avec l'eau, ils
donnent lieu à un dégagement de gaz hy-

drogène et passent à l'état de potasse ou de soude; 6e. que les oxides au maximum le sont bien davantage, soit par leur couleur, soit par leur action sur l'eau qui en dégage subitement du gaz oxigène, soit par leur action sur les différens gaz, soit enfin par celle qu'ils exercent sur les métaux et les combustibles simples et composés; 7e. que ce qui distingue particulièrement les oxides au medium, ou bien la potasse et la soude, c'est leur affinité pour l'eau et pour les acides; 8e. que cette affinité qu'ils ont pour l'eau, n'est pourtant point assez grande pour qu'on ne puisse suroxider la potasse et la soude, à l'alcool, en les chauffant avec le contact de l'air; 9e. qu'il n'en est pas de même de la barite; qu'il paroît que, quand elle est combinée avec l'eau, elle ne peut point, ou du moins que très-difficilement, se combiner avec l'oxigène; mais que, quand elle est absolument sèche, et dans l'état où elle se trouve en l'extrayant du nitrate par la calcination, elle absorbe au contraire très-facilement une grande quantité de ce gaz, et forme un oxide qui a la propriété d'être décomposé rapidement et avec lumière, par les corps combustibles, et surtout par le gaz hydrogène (1).

---

(1) M. Davy s'est beaucoup occupé, et même bien avant nous, de l'action de l'air et du gaz oxigène sur le *potassium* et le *sodium* ; mais les résultats qu'il a obtenus sont bien différens des nôtres. Il n'a rien dit de l'action que pouvoit exercer l'oxigène sur la barite.

D'après M. Davy.

Lorsqu'on fait brûler du *potassium* et du *sodium* dans le gaz oxigène ou l'air atmosphérique à une température élevée, ils n'absorbent que la quantité d'oxigène nécessaire pour passer à l'état de potasse et de soude, et se dissolvent dans l'eau sans effervescence. (V. *Biblioth. Brit.* Sciences et Arts, tome 39, page 13. Voyez encore *Transa. phil.* pour l'an 1810, page 33 et 34, dans lesquelles M. Davy dit, qu'il a confirmé ses premiers résultats à cet égard, en opérant sur une grande quantité de *potassium* et de *sodium*.)

Il n'existe que deux oxides de *potassium* et deux oxides de *sodium* ; savoir un oxide au minimum qui produit de l'hydrogène avec l'eau,

D'après nous.

Lorsqu'on fait brûler du *potassium* et du *sodium* dans le gaz oxigène ou l'air atmosphérique à une température élevée, le *potassium* peut absorber trois fois autant d'oxigène que pour passer à l'état de potasse, et le *sodium* une fois autant que pour passer à l'état de soude ; et tous deux font toujours effervescence avec l'eau, s'y dissolvent, et s'y convertissent en alcali et en gaz oxigène.

Il existe trois oxides de *potassium* et trois oxides de *sodium* : savoir, un oxide au minimum semblable à celui que M. Davy admet ;

DE L'ACTION DES CORPS COMBUSTIBLES NON MÉTALLIQUES SUR LE POTASSIUM ET SUR LE SODIUM.

143. Le gaz hydrogène ne se combine avec le *potassium*, ni à la température ordinaire, ni à une chaleur rouge; mais entre ces deux degrés de chaleur, il en est un où ces deux corps s'unissent facilement. On fait

---

et un oxide au maximum lequel n'est autre chose que la potasse et la soude. (V. le Mémoire de M. Davy, *Biblioth. Brit.* Sciences et Arts, tome 39, pag. 3 — 48; ou *Transact. phil.* pour 1810, pag. 33 et 34.)

un oxide au medium ou bien la potasse et la soude; et un oxide au maximum, remarquable non-seulement, comme on vient de le dire, en ce qu'il est converti par le contact de l'eau en alcali et en gaz oxigène, mais encore par les nombreux phénomènes qu'il offre avec les gaz, les acides et les corps combustibles simples et composés, et par la propriété qu'il a d'être formé dans une multitude de circonstances et surtout dans la calcination des alcalis avec le contact de l'air. (Séance de l'Institut du 25 juin 1810. *Moniteur*, 4 juillet 1810. *Annales de Chimie*, mois de juillet 1810.)

très-bien cette combinaison sur le mercure, dans une petite cloche A, recourbée, pl. 5, fig. 2, à l'aide d'une lampe à esprit-de-vin. On remplit la cloche de mercure ; on y fait passer du gaz hydrogène ; on porte ensuite du *potassium*, à l'extrémité d'une tige de fer, jusque dans la partie supérieure et courbe de cette cloche. On chauffe, et bientôt le *potassium* entre en fusion. Alors on ne tarde point à voir le mercure monter, quelquefois même, assez rapidement ; mais si on outre-passe le point de chaleur convenable, on le voit descendre plus rapidement encore(1). Il y a donc un milieu qu'il faut saisir, et que le tâtonnement indique assez promptement. Lorsqu'on parvient à le saisir, et qu'on opère sur des quantités déterminées, on voit combien le *potassium* peut absorber de gaz hydrogène. C'est ce qu'on a fait dans les trois expériences dont on va rapporter les résultats.

---

(1) Pour faciliter la combinaison du gaz hydrogène avec le *potassium*, il est bon de renouveler les surfaces de ce métal en l'agitant avec une tige courbe.

PREMIÈRE EXPÉRIENCE.

Potassium...................... une mesure M.
Gaz hydrogène mis en contact avec ⎱ 150 parties du tube
   la mesure M de *potassium*...... ⎰ gradué T.
Gaz hydrogène après l'expérience.. 132.
Donc, gaz hydrogène absorbé.... 18.

DEUXIÈME EXPÉRIENCE.

Potassium.................... deux mesures M.
Gaz hydrogène mis en contact avec ⎱ 150 parties du tube
   les deux mesures M de *potassium* ⎰ gradué T.
Gaz hydrogène après l'expérience.. 116.
Donc, gaz hydrogène absorbé.... 34.

TROISIÈME EXPÉRIENCE.

Potassium.................... trois mesures M.
Gaz hydrogène mis en contact avec ⎱ 170.
   ces trois mesures M........... ⎰
Gaz hydrogène après l'expérience. 122.
Donc, hydrogène absorbé .... 48.

Dans ces trois expériences, l'absorption
d'hydrogène pour chaque mesure M, a donc
été d'environ dix-sept parties d'hydrogène
du tube gradué T; mais dans toutes, il y a
eu une portion de métal qui, étant enve-
loppée par l'hydrure déjà produit, a échappé

à l'action de l'hydrogène : cette portion équivaloit au moins au quart de la quantité totale. Ainsi on peut supposer, sans crainte de s'éloigner de la vérité, que chaque mesure M de *potassium* est susceptible de se combiner avec environ 22 parties du tube gradué T d'hydrogène, ou bien avec un peu plus du quart de ce qu'elle en dégage dans son contact avec l'eau.

Dans une quatrième expérience, où on avoit employé trois mesures de *potassium*, et seulement 40 parties de gaz hydrogène, ce gaz a été totalement absorbé sauf quelques bulles qui n'ont pas pu l'être, parce que le mercure ayant atteint le *potassium*, l'a tout de suite dissous.

144. L'hydrure de *potassium* est gris, sans apparence métallique et infusible. Il ne s'enflamme ni dans l'air, ni dans l'oxigène à la température ordinaire ; il y brûle vivement à une température élevée ; il produit avec l'eau un peu plus d'une fois et un quart autant d'hydrogène que le *potassium* qu'il contient ; et, s'il a en même temps le contact de l'eau et de l'air, il se détruit en s'enflammant à la manière du *potassium*.

Exposé à la chaleur qu'on peut produire avec une lampe à esprit-de-vin, il se décompose promptement ; tout l'hydrogène en est dégagé à l'état de gaz, et tout le *potassium* en est mis à nu. Mis en contact, à chaud, avec le mercure, il éprouve une décomposition plus prompte encore que par la chaleur seule ; tout l'hydrogène en est également dégagé, et il se forme un amalgame de *potassium*. Cette décomposition, par le mercure, peut même être produite à froid dans l'espace de quelques jours.

145. Nous avons quelques raisons pour croire qu'il existe un hydrure de *potassium* moins hydrogéné que le précédent, et qui a encore l'éclat métallique ; mais, comme nous n'avons pas pu l'obtenir isolé, nous ne pouvons rien dire de positif à cet égard (1).

146. Le gaz azote n'a aucune espèce d'action sur le *potassium*, à toute sorte de température. Nous avons tenu ces deux corps

---

(1) M. Davy a essayé plusieurs fois de combiner le gaz hydrogène avec le *potassium*, de manière à faire un hydrure solide ; mais il n'a jamais pu obtenir cette sorte de combinaison. (*Voyez Transact. philos.* 1809, pag. 19 du Mémoire de M. Davy, *an account*, etc.)

en contact, à la température de l'atmosphère, pendant plusieurs jours; et à une température plus ou moins élevée, pendant au moins une heure dans une cloche recourbée A, pl. 5, fig. 2, Jamais le *potassium* n'a été altéré, et toujours nous avons retrouvé tout le gaz azote après l'expérience.

147. Le bore (1) est dans le même cas que le gaz azote par rapport au *potassium*. Tout nous porte à croire que ces deux corps ne peuvent pas s'unir; car en les chauffant ensemble, ils ne font que se mêler.

148. Nous pensons au contraire qu'on peut unir le carbone avec le *potassium*; du moins, si après avoir plongé des charbons secs dans de la potasse à l'alcool la plus sèche possible, et en fusion (2); et si, après les avoir introduits dans un canon de fusil, luté et bouché convenablement aux deux extrémités, on les expose à l'action d'un feu assez violent, les portions qui se trou-

(1) *Voyez* article 217 comment on obtient ce corps, et quelles en sont les propriétés.

(2) On entend par-là de la potasse à l'alcool qui a été exposée pendant quelque temps à une chaleur rouge.

vent du côté où se dégagent les gaz, et qui
répondent à la paroi du fourneau, ou en
sont très-voisines, acquièrent la propriété
de s'enflammer quand on les met en contact
avec l'air, et celle de s'allumer sur-le-
champ quand on les jette dans l'eau (1).

149. Le phosphore se combine facilement
avec le *potassium* et le *sodium*. Cette combinaison a toujours lieu avec dégagement
d'une foible lumière; on le prouve en la
faisant dans le gaz azote sur le mercure.
On se sert à cet effet, avec beaucoup de
commodité, d'une cloche recourbée A,
pl. 5, fig. 2; on y introduit le gaz azote,
le phosphore et le *potassium*, ou le *sodium.*
On chauffe, et le phosphure se forme aussitôt que le métal est fondu. Si on a employé

_____

(1) Cette expérience est la première que nous ayons
faite dans l'intention d'obtenir le *potassium* par des
moyens chimiques, et date du 7 mars 1808. (*Voyez* le
Moniteur.) Elle ne réussit pas très-bien dans des tubes
de porcelaine ; elle réussit beaucoup mieux dans des
tubes de fer : encore faut-il avoir soin de ne point mettre
de charbon dans la partie du tube qui est hors du fourneau, ou de n'y en mettre qu'un petit nombre de morceaux bien secs et sans potasse.

un excès de phosphore, on le volatilise facilement par la chaleur.

Ces deux phosphures sont de couleur chocolat, sans apparence métallique, et analogues pour l'aspect au phosphure de chaux. Jetés dans l'eau, ils produisent du gaz hydrogène phosphuré qui se dégage, mais qui ne s'enflamme pas toujours.

150. Le soufre forme aussi avec le *potassium* et le *sodium*, une combinaison très-intime. Cette combinaison a lieu avec un bien plus grand dégagement de lumière et de chaleur que la précédente. On peut s'en convaincre en la faisant de la même manière, c'est-à-dire, dans une cloche recourbée A, pl. 5, fig. 2, où on introduit d'abord du gaz azote; mais comme la cloche dont on se sert, casse souvent à cause de l'élévation de température, il faut préparer ces sulfures dans des vases de fer, ou mieux encore de terre, surtout quand on en a besoin d'une grande quantité (1).

----

(1) On pourroit cependant faire du sulfure de *potassium* et de *sodium* dans une cloche recourbée sans courir le risque de la casser; ce seroit d'y introduire une

Ces sulfures de *potassium* et de *sodium*
varient en couleur selon le degré de feu auquel ils ont été exposés. Ils sont tantôt jau-
nâtres et tantôt rougeâtres ; ils ressemblent
assez à certains sulfures de potasse ou de
soude. Ils ont la saveur et l'odeur des œufs
pouris. L'eau les dissout sans en dégager
de gaz. Les acides les décomposent en en
dégageant du gaz hydrogène sulfuré.

151. Le gaz hydrogène phosphuré agit
promptement sur le *potassium* et sur le *sodium*, surtout à l'aide d'une légère chaleur.
Si, après avoir introduit dans une cloche
recourbée A, pl. 5, fig. 2, du gaz hydrogène phosphuré, et du *potassium* ou du *sodium*, on fait entrer ces métaux en fusion,
on les voit aussitôt perdre leur éclat métallique ; il se forme un véritable phosphure
de *potassium* ou de *sodium* (149), et il ne
reste plus dans la cloche que du gaz hydrogène, à moins qu'on n'ait mis un excès d'hydrogène phosphuré.

152. Le gaz hydrogène sulfuré a encore

---

capsule de platine et de placer le soufre et le *potassium*
dans cette capsule.

plus d'action sur le *potassium* et le *sodium* que l'hydrogène phosphuré : aussi, dans ce cas, y a-t-il dégagement de lumière ; au lieu que, dans l'autre, il n'y a tout au plus que dégagement de chaleur. L'opération se fait de même que la précédente, et se termine presqu'aussitôt la fusion du métal : il en résulte un dégagement de gaz hydrogène, un sulfure de *potassium* ou de *sodium* qui varie en couleur, et qui est plus ou moins analogue à celui qu'on fait directement.

153. Les quatre combinaisons précédentes avoient été faites d'abord telles que nous venons de le dire, savoir : les deux premières par M. Davy (1), et ensuite par nous ; et les deux autres par nous (2), et ensuite par M. Davy (3). Mais il étoit important de rechercher si le *potassium* et le *sodium* conservoient leurs propriétés mé-

---

(1) *Bibliothèque Britannique*, Sciences et Arts, t. 39, p. 24 et 25 ; ou bien *Transactions philosophiques*, 1808.

(2) *Moniteur*, vendredi 27 mai 1808.

(3) *Bibliothèque Brit.* pour le mois d'octobre 1809, p. 113, etc.

talliques dans toutes, ou bien si, dans cet état, ils produisoient avec l'eau la même quantité d'hydrogène : car on conçoit que s'il n'en eût point été ainsi, on auroit été en droit de conclure qu'ils s'étoient transformés en alcalis, au moins en partie ; et par conséquent, que le soufre, le phosphore, le gaz hydrogène phosphuré et le gaz hydrogène sulfuré contenoient de l'oxigène. C'est ce qu'a très-bien senti M. Davy, et c'est à cette conséquence que l'ont conduit de très-longues recherches qu'il a faites à cet égard. Sentant tout le prix de cette découverte, nous avons cherché à la constater : nous l'avons fait avec d'autant plus de soin, que les résultats que nous avons obtenus sont tout-à-fait contraires à ceux du chimiste anglais, et qu'on doit toujours craindre de se tromper, lorsqu'on n'est point d'accord avec un homme aussi habile. Nous les avons consignés dans une dissertation qui a été lue à l'Institut, le 18 décembre 1809, et imprimée presque toute entière dans le *Journal de Physique*, pour le mois de décembre 1809. Nous croyons devoir rapporter ici cette dissertation en en développant quelques parties, et en y intercalant de nouveaux résultats et de nouvelles réflexions.

DISSERTATION SUR LA NATURE DU PHOSPHORE ET DU SOUFRE.

154. Jusqu'à présent ces deux corps avoient été considérés comme simples; mais M. Davy, en étudiant leurs propriétés plus intimement qu'on ne l'avoit encore fait, ou en les soumettant à des épreuves nouvelles, croit les avoir décomposés. Les expériences de M. Davy, sur cette décomposition, datent même déjà du mois de janvier 1809. M. Pictet les a annoncées à la première classe de l'Institut, vers le mois de mai de la même année, d'après une lettre qu'il avoit reçue de Londres; et depuis, il en a inséré la traduction dans le numéro de la *Bibliothèque Britannique*, pour le mois d'octobre 1809, p. 113. C'est dans ce journal que nous avons lu la description et les résultats de ces expériences, et c'est à cette époque seulement que nous avons fait celles que nous allons rapporter.

155. Mais auparavant nous devons dire comment M. Davy cherche à prouver que

le soufre et le phosphore ne sont point des corps simples. Pour cela, il traite à chaud une quantité donnée de *potassium*, par une quantité aussi donnée de gaz hydrogène sulfuré. Dans cette expérience, il y a absorption de gaz, lumière produite, de l'hydrogène mis en liberté, et combinaison du *potassium* avec le soufre. Or, lorsqu'on vient à traiter ce sulfure par l'acide muriatique, on en retire une quantité d'hydrogène sulfuré, qui ne représente pas à beaucoup près tout l'hydrogène qu'est susceptible de donner le *potassium*: il faut donc que l'hydrogène sulfuré contienne une substance capable de détruire une portion de ce métal, et cette substance ne peut être que de l'oxigène. Tel est le raisonnement de M. Davy : de là, observant qu'en chauffant du soufre avec du gaz hydrogène, on fait de l'hydrogène sulfuré, il en conclut que le soufre doit aussi contenir de l'oxigène. D'ailleurs, il s'en assure en combinant directement du soufre avec le *potassium*; car, au moyen de l'acide muriatique, il ne retire jamais du sulfure de *potassium*, une quantité d'hydrogène sulfuré représentant l'hydro-

gène que donne le métal lui-même avec
l'eau, et il en retire d'autant moins qu'il
combine ce métal avec plus de soufre :
d'une autre part, comme M. Davy reconnoît avec M. A. Berthollet, que le soufre
contient de l'hydrogène, il s'ensuit que ce
corps combustible est pour M. Davy un
composé semblable aux substances végétales ; aussi, le compare-t-il à ces sortes de
substances, et surtout aux résines.

156. C'est en suivant des procédés absolument semblables, qu'il croit opérer la
décomposition du phosphore, et prouver
l'existence de l'oxigène dans l'hydrogène
phosphuré. Il admet de l'oxigène et de l'hydrogène dans le phosphore, comme il en
admet dans le soufre, en sorte qu'il l'assi-
mile comme celui-ci aux substances végétales, et que ces deux corps, selon lui, contiennent des bases encore inconnues qui
doivent être moins fusibles qu'ils ne le sont
eux-mêmes.

157. Les résultats qui servent de base aux
conséquences de M. Davy, ne provenant
que de l'action du soufre et du phosphore,
de l'hydrogène sulfuré et phosphuré sur le

potassium; ce sont les phénomènes qui se passent dans cette action, et les propriétés des corps auxquels elle donne lieu que nous devions étudier. D'abord, nous nous sommes occupés de l'action de l'hydrogène sulfuré sur ce métal: pour cela, nous avons commencé par rechercher quelle est la quantité d'hydrogène que contient le gaz hydrogène sulfuré. Cette donnée nous étoit indispensable, et nous avons trouvé que ce gaz renfermoit précisément un volume de gaz hydrogène égal au sien. L'analyse en a été faite dans une petite cloche de verre courbée, pl. 5, fig. 2; on a rempli cette cloche de mercure; on y a fait passer deux cents parties d'un tube gradué de gaz hydrogène sulfuré; ensuite on y a porté dans la partie supérieure un morceau d'étain bien décapé, et on a chauffé pendant une demi-heure presqu'au rouge cerise. Tout l'hydrogène sulfuré a été promptement décomposé sans que le volume du gaz changeât, et on s'est assuré par l'eudiomètre que ce gaz, à la fin de l'opération, n'étoit plus que du gaz hydrogène. L'expérience a été répétée trois fois avec les mêmes résultats.

Ces résultats s'accordent avec ceux qu'a obtenus M. Davy, en calcinant du soufre avec une quantité déterminée de gaz hydrogène; en effet, ayant vu qu'il se formoit dans cette circonstance du gaz hydrogène sulfuré sans que le volume du gaz diminuât ou augmentât, ce savant chimiste en a conclu que le gaz hydrogène sulfuré contenoit un volume d'hydrogène égal au sien (1).

Comme on connoît la pesanteur spécifique du gaz hydrogène, il ne s'agit plus que de prendre celle de l'hydrogène sulfuré pour savoir précisément ce que ce gaz contient de soufre, et en avoir une analyse exacte; c'est ce que nous avons fait dans ces derniers temps. Nous l'avons trouvée de 1,1912; celle de l'air étant prise pour unité : par conséquent, 100 parties de gaz hydrogène

(1) Bakerian, *Lecture pour* 1808, p. 27. Nous avons répété cette expérience de M. Davy : le volume du gaz hydrogène n'a point changé. Mais quoique nous n'ayons employé que 100 parties de gaz hydrogène, et que nous l'ayons chauffé avec le soufre pendant près d'une demi-heure, il s'est formé à peine 20 parties d'hydrogène sulfuré. C'est pourquoi nous avons cru devoir employer de préférence, pour l'analyse de l'hydrogène sulfuré, la méthode dont il vient d'être question.

sulfuré sont formées de 93,855 de soufre, et de 6,145 d'hydrogène (1).

EXPÉRIENCES	Quantité d'étain employée.	Quantité de gaz hydrogène sulfuré employée.	Quantité de gaz hydrogène obtenue.	Quantité de gaz hydrog. sulfuré non décomposé.	OBSERVATIONS.
1ère.	Un morceau bien décapé du poids d'environ 7 à 8 grammes.	132 p	131	0	Dans le cours de chaque expérience la température et la pression n'ont pas varié.
2me.	Un morceau bien décapé du poids d'environ 7 à 8 grammes.	150	148	0	
3me.	Un morceau bien décapé du même poids que les précédens.	106	105	0	

Nota. Le gaz hydrogène sulfuré qu'on obtient en

(1) Cette pesanteur spécifique a été prise dans deux grands flacons de verre. Pour les remplir de gaz hydrogène sulfuré, on les a fait communiquer ensemble; et pour n'y en faire arriver que de sec, on a placé entre enx et le ballon où le gaz se formoit, un long tube contenant du muriate de chaux concassé. Un petit tube recourbé étoit adapté au dernier de ces flacons. On s'en servoit pour recueillir de temps en temps du gaz et l'essayer. Dès qu'il a été jugé pur, on a démonté l'appareil, on a bouché les flacons et on les a pesés.

traitant le sulfure de fer par l'acide sulfurique étendu d'eau contient toujours plus ou moins de gaz hydrogène. Les premières portions qui se dégagent en contiennent moins que les dernières. On en trouve dans celles-ci quelquefois jusqu'à dix centièmes et même plus ; tandis qu'on n'en trouve dans les premières que deux à trois pour cent.

Le plus sûr moyen d'obtenir du gaz hydrogène sulfuré très-pur est de traiter à chaud le sulfure d'antimoine par l'acide muriatique concentré (celui dont nous avons pris la pesanteur spécifique, avoit été obtenu de cette manière) ou de l'extraire des hydrosulfures. Il ne faut pas l'extraire des hydro-sulfures de barite ou de strontiane, parce qu'ils sont peu solubles à froid, et qu'à l'état solide ils produisent avec les acides une écume qui rend l'opération impraticable. Ceux à base de potasse, de soude et d'ammoniaque, étant exempts de tous ces inconvéniens, doivent être préférés ; mais il faut prendre garde qu'ils ne soient un peu carbonatés. On ne doit point se servir d'acide nitrique pour les décomposer ; car pour peu qu'il fût concentré, on obtiendroit du gaz nitreux en même temps que de l'hydrogène sulfuré.

Il seroit peut-être encore possible de se procurer du gaz hydrogène sulfuré pur, en traitant par l'acide sulfurique le volcan artificiel de Lemeri, qu'on auroit préparé sans le contact de l'air. Ce singulier produit qu'on obtient en faisant une pâte de fleurs de soufre, de limaille de fer et d'eau, n'étant, ainsi que nous nous en sommes assurés, qu'une combinaison d'hydrogène sulfuré, de soufre et d'oxide de fer, il est probable que l'expérience auroit un plein succès, si on avoit le soin d'employer de la limaille de fer très-fine.

158. Sachant que l'hydrogène sulfuré contient un volume d'hydrogène égal au sien, nous avons, comme M. Davy, traité des quantités connues de gaz hydrogène sulfuré, par des quantités connues de *potassium*.

Toutes les expériences ont été faites sur le mercure dans une petite cloche recourbée A, planche 5, fig. 2. D'abord, on introduisoit le gaz, ensuite le *potassium* à l'extrémité d'une tige de fer; puis on chauffoit. A froid, il y avoit une action très-sensible; et à peine le métal étoit-il fondu qu'il s'enflammoit vivement. L'absorption du gaz varioit en raison de la température: il en étoit de même de la couleur de l'hydro-sulfure qui se formoit; tantôt elle étoit blanche-grise, tantôt jaune-succin, et tantôt rougeâtre. On mesuroit le gaz qui n'étoit point absorbé, dans le tube gradué T; et comme ce gaz étoit composé de gaz hydrogène et de gaz hydrogène sulfuré, on l'agitoit avec de la potasse pour connoître la quantité de l'un

et de l'autre. Enfin on faisoit passer de l'á-
cide muriatique ou de l'acide sulfurique
étendu d'eau dans la cloche recourbée A ;
on faisoit chauffer cette cloche, et on dégageoit ainsi tout le gaz hydrogène sulfuré
qu'étoit susceptible de donner le produit
qui s'y étoit formé. Nous avons fait de cette
manière plus de vingt expériences dont les
résultats sont parfaitement concordans ;
nous n'en citerons que dix.

Nombre d'expériences faites.	Quantité de *potassium* employée.	Quantité de gaz hydrogène sulfuré, employée.	Quantité de gaz hydrogène sulfuré, non absorbé par le potassium.	Quantité de gaz hydrogène sulfuré, absorbé par le potassium.	Quant. de gaz hydrog. sulfuré, dégagé en traitant, par un acide, le produit solide qui se forme.	Quant. de gaz hydrog. mis en liberté en traitant le *potassium* par le gaz hydrogène sulfuré.	OBSERVATIONS.
Première . .	une mes. M	204	60	144	143	79	Tempér. 15°; press. 0m,75. Les gaz ont été mes. dans le tube gradué T.
Seconde. .	idem	180	24	156	154,5	78,5	
Troisième.	idem	84	0	84	84	79	
Quatrième.	idem	100	2	98	97,5	77,5	
Cinquième	idem	110	6	104	104	78,5	
Sixième . .	idem	150	35	115	114,5	78	
Septième. .	idem	160	40	120	119	78,5	
Huitième. .	idem	90	1	89	88,5	78	
Neuvième. .	idem	115	15	100	100	79	
Dixième. .	idem	120	17	103	103	79	

159. On voit donc par ce tableau qu'on retrouve constamment tout l'hydrogène sulfuré absorbé, et qu'ainsi, sous ce point de vue, les expériences de M. Davy ne sont point d'accord avec les nôtres. Ce qui a pu induire en erreur ce célèbre chimiste, c'est que peut-être il n'a pas observé que l'acide dont il s'est servi pour dégager l'hydrogène sulfuré de l'hydro-sulfure formé, a dû dissoudre plusieurs fois son volume de ce gaz.

L'acide muriatique, même encore fumant, peut dissoudre jusqu'à trois fois son volume de gaz hydrogène sulfuré, thermomètre centigrade 11°, baromètre 0^m,76.

L'acide sulfurique étendu de son poids d'eau, dissout au moins une fois et demie son volume d'hydrogène sulfuré, thermomètre 11°, baromètre 0^m,76.

L'eau, à cette température et à cette pression, en dissout, comme l'acide muriatique concentré, trois fois son volume. Néanmoins, il faut pour cela que le gaz hydrogène sulfuré ne contienne pas de gaz hydrogène libre; car s'il en contenoit, son action sur l'eau et probablement sur les acides, seroit moindre.

160. Mais ce que les résultats que nous venons de rapporter, offrent de plus frappant, c'est qu'en traitant le *potassium* par des quantités très-différentes de gaz hydrogène sulfuré, et à des températures très-différentes elles-mêmes, il se développe précisément la même quantité d'hydrogène que si on le traitoit par l'eau. Ainsi, lorsqu'on traite une mesure M de *potassium*, par une quantité suffisante d'hydrogène sulfuré, il en résulte 79 parties de gaz hydrogène, comme lorsqu'on la traite par l'eau.

161. Voulant savoir ce qui arriveroit dans le cas où il y auroit moins de gaz hydrogène sulfuré, qu'il n'en falloit pour détruire tout le *potassium*, on a fait les deux expériences suivantes: therm. 15°; pression 0^m,75.

PREMIÈRE EXPÉRIENCE.

Potassium.................... deux mesures M.

Gaz hydrogène sulfuré employé.. 106 parties du tube gradué T.

Gaz hydrog. sulfuré non absorbé. 0.

Gaz hydrogène sulfuré absorbé... 106,

Gaz hydrogène mis en liberté.... 85.

Gaz hydrogène dégagé par l'eau
du produit formé. .... 71,5.
Gaz hydrogène sulfuré dégagé par
les acides............. .... 166.

DEUXIÈME EXPÉRIENCE.

Potassium.................... deux mesures M.
Gaz hydrogène sulfuré......... 164.
Gaz hydrog. sulfuré non absorbé. .   o.
Gaz hydrogène sulfuré absorbé... 104.
Gaz hydrogène mis en liberté par
l'action du potassium sur l'hy-
drogène sulfuré .... 90.
Gaz hydrogène dégagé du produit
solide par l'action de l'eau seule. 67.
Gaz hydrogène sulfuré dégagé par
les acides .... 103.

On voit que ces expériences s'accordent
parfaitement avec celles qui précèdent. En
effet, dans celles-ci, comme dans les autres,
on retrouve tout l'hydrogène sulfuré absorbé, et de plus on obtient tout l'hydrogène provenant des deux mesures M de
potassium. Seulement il se forme dans les
deux dernières une certaine quantité d'hydrure de potassium, et c'est pourquoi il se
dégage tant d'hydrogène du produit solide
lorsqu'on le traite par l'eau.

162. Tout ce que nous venons de dire de l'action de l'hydrogène sulfuré sur le *potassium*, a également lieu lorsqu'on fait agir ce gaz sur le *sodium*. Les mêmes phénomènes d'absorption de gaz, de dégagement de lumière, de destruction de métal, se représentent. En traitant par l'acide muriatique ou sulfurique, l'hydro-sulfure qui se forme, on retrouve également tout l'hydrogène sulfuré qui avoit disparu, et enfin on obtient toujours un développement de gaz hydrogène, égal à celui que donneroit avec de l'eau la quantité de métal qu'on emploie. On trouve la preuve de tout ceci dans les expériences suivantes, qui ont été faites à la température de 15° cent. et de $0^m,76$.

Nombre d'expériences faites.	Quantité de potassium employée.	Quantité de gaz hydrogène sulfuré, employée.	Quantité de gaz hydrogène sulfuré, non absorbé par le sodium.	Quantité de gaz hydrogène sulfuré, absorbé par le sodium.	Quantité de gaz hydrogène sulfuré, dégagé, en traitant par un acide, le produit solide qui se forme.	Quantité de gaz hydrogène mis en liberté, en traitant le sodium par le gaz hydrogène sulfuré.	OBSERVATIONS
Première..	une mes. M	234	36	198	197,5	146	Dans le cours de chaq. expér. la tempér. et la press. de l'air n'ont pas sensiblem. varié.
Seconde..	idem	218	40	178	178	146	
Troisième.	idem	214	33	181	180	145,5	
Quatrième.	idem	225	26	199	198,5	145,5	
Cinquième	idem	230	34	196	195,5	146	Les gaz ont été mes. dans le tub. grad T.
Sixième ..	idem	218	30	188	188	145,5	

163. Les expériences précédentes prouvant que l'hydrogène sulfuré ne contient point d'oxigène, nous aurions pu en tirer la conséquence que le soufre n'en contenoit pas; car c'est surtout parce que M. Davy en trouve dans l'hydrogène sulfuré, qu'il croit qu'il en existe dans le soufre : et en effet, il est très-probable que le soufre en contiendroit si le gaz hydrogène sulfuré en contenoit, puisqu'on peut faire ce gaz en chauffant du soufre avec de l'hydrogène. Ce n'est pourtant pas là la seule preuve que M. Davy en donne : il en cite une autre du genre de celles dont il se sert pour prouver l'existence de l'oxigène dans l'hydrogène sulfuré; il prétend qu'en traitant le sulfure de *potassium* par l'acide muriatique, on n'obtient point une quantité d'hydrogène sulfuré représentant l'hydrogène que donneroit le *potassium* de ce sulfure avec l'eau, et il ajoute même que ce sulfure donne d'autant moins de gaz avec les acides, qu'il contient plus de soufre.

Quand bien même ce résultat seroit vrai, il ne prouveroit pas que le soufre contient de l'oxigène, parce qu'on pourroit dire que si

on obtient moins d'hydrogène sulfuré qu'on
ne devroit en obtenir, c'est que le soufre
lui-même, qui est en excès, en retient une
portion ; et à l'appui de cette explication,
on citeroit l'absorption d'hydrogène sulfuré
par le soufre, qui a lieu, lorsqu'on verse un
acide dans les sulfures hydrogénés : mais
lorsqu'on répète l'expérience avec les soins
convenables, on voit que le résultat n'en
est point conforme à celui qu'a trouvé
M. Davy. Nous pourrions rapporter plus
de quinze expériences qui le prouvent.

EXPÉRIENCES.	QUANTITÉ DE POTASSIUM.	QUANTITÉ DE SOUFRE.	QUANTITÉ De gaz hydrogène sulfuré, dégagé du sulfure de potassium par l'acide sulfurique ou muriatique.	OBSERVATIONS.
Première..	une mes. M.	Un morceau équivalent à une demi-mesure M.	78	1. La température étoit de 14° cent., et la pression, de 0m,76.
Seconde...	idem	Un morceau équivalent à une demi-mesure M.	78	2. On pourroit, sans doute, faire l'expérience avec une mesure M de métal, et 10 à 12 mesures M de soufre; mais alors il faudroit avoir soin de volatiliser par la chaleur une grande partie de l'excès de soufre, pour que l'acide puisse être bien en contact avec le sulfure de potassium. Il n'y a jamais à craindre, dans ces expériences, que des portions de potassium échappent à l'action du soufre.
Troisième.	idem	Un morceau équivalent à un tiers de mesure M.	78,5	
Quatrième.	idem	Un morceau équivalent à un tiers de mesure M,	79	
Cinquième.	idem	Un morceau équivalent à quatre mesures M,	78	
Sixième...	idem	Un morceau équivalent à quatre mesures M.	78	

164. Cette sorte d'expérience ne se fait point sans obstacles. Très-souvent les petites cloches dont on se sert pour faire la combinaison, cassent, à cause de l'excessive chaleur qui se dégage au moment où elle a lieu. On évite cet inconvénient en employant des verres minces, et en ne combinant que de petites quantités de matières à la fois, ou bien en introduisant une petite capsule de platine dans la cloche recourbée, et opérant la combinaison du soufre et du *potassium* dans cette capsule. Du reste, l'opération est très-simple ; on recourbe la cloche à son extrémité supérieure, on la remplit de mercure, on y fait passer du gaz azote, puis le soufre et le métal qu'on porte jusque dans sa partie courbe, et on chauffe. A peine le soufre est-il fondu, qu'il paroît un jet de lumière très-vive ; alors le sulfure est formé. Pendant cette formation, le volume du gaz augmente à peine, ce qui prouve qu'il ne se développe que très-peu d'hydrogène sulfuré ; on s'en assure plus directement encore, soit par l'alcali, soit en respirant le gaz. Nous ne parlerons point de la couleur du sulfure qui est très-variable :

nous ajouterons seulement à ce que nous venons de dire, que soit qu'on traite directement ce sulfure par l'acide, soit qu'on le traite par l'eau pour le dissoudre, et ensuite par l'acide, on obtient toujours une quantité d'hydrogène sulfuré représentant l'hydrogène que donne le métal du sulfure avec l'eau. Enfin nous ferons observer qu'il est essentiel de chauffer l'acide pour dégager tout l'hydrogène sulfuré, et qu'on doit déterminer avec beaucoup de précision la quantité d'hydrogène sulfuré qu'est capable de dissoudre la quantité de l'acide dont on fait usage. Sans toutes ces précautions, à la vérité faciles à prendre, on échouera dans l'expérience.

165. Si au lieu de *potassium* on se sert de *sodium*, on obtient encore des résultats qui s'accordent avec ce que l'on vient de dire. Ainsi tout concourt à prouver que le soufre est dans le même cas que l'hydrogène sulfuré, par rapport à l'oxigène, c'est-à-dire qu'il n'en contient pas.

EXPÉRIENCES.	QUANTITÉ DE SODIUM.	QUANTITÉ DE SOUFRE.	QUANTITÉ de gaz hydrogène sulfuré, dégagé du sulfure de sodium par l'acide sulfurique ou muriatique.	OBSERVATIONS.
Première .	une mes. M.	Un morceau équivalent à trois quarts de mesure M.	146	1. Il faut couvrir le sodium d'un peu d'huile, pour qu'en le passant à travers le mercure, il ne se combine pas avec ce métal.
Seconde. .	idem	Un morceau équivalent à une demi-mesure M.	145,5	2. Il vaut mieux se servir d'acide sulfurique que d'acide muriatique pour dégager l'hydrogène sulfuré du produit liquide, parce qu'il en retient moins en dissolution.—Il faut étendre l'acide sulfurique concentré de son poids d'eau pour cette opération. — Il suffit d'employer huit parties de cet acide ainsi étendu.
Troisième.	idem	Un morceau équivalent à trois quarts de mesure M.	145,5	
Quatrième	idem	Un morceau équivalent à une demi-mesure M.	146	
Cinquième	idem	Un morceau équivalent à deux mesures M.	145,5	Ces huit parties dissolvent treize parties d'hydrogène sulfuré. Therm. 11°; barom. 0m.76.
Sixième...	idem	Un morceau équivalent à trois mesures M.	145,5	3. La température étoit de 15° cent., et la pression de 0m.759.

166. Maintenant essayons de prouver que les expériences de M. Davy, sur la décomposition du phosphore, ne sont pas plus à l'abri d'objections sérieuses, que celles qu'il a faites sur la décomposition du soufre; et comme pour démontrer la nature de ce corps, M. Davy s'y prend absolument de la même manière que pour démontrer celle du soufre, soumettons le phosphore aux mêmes épreuves que le soufre.

Nous avons combiné le phosphore avec le *potassium* dans une petite cloche de verre recourbée A, pl. 5, fig. 2, où nous avions fait passer d'abord du gaz azote. Les phénomènes qui accompagnent cette combinaison ressemblent à ceux que présente le soufre, mais ils sont beaucoup moins marqués. A peine le métal est-il fondu, que le phosphure se forme; il y a un léger dégagement de lumière, et la production de chaleur n'étant pas très-grande, les cloches ne cassent jamais. Il ne se dégage pas sensiblement de gaz. L'excès de phosphore se sublime, et le phosphure formé est toujours de couleur chocolat. L'expérience a été répétée plusieurs fois. Nous avons fait varier les proportions de phosphore ; celles de *po-tassium* ont été constantes. Voici les données et les résultats de ces expériences.

EXPÉRIENCES.	QUANTITÉ DE POTASSIUM.	QUANTITÉ DE PHOSPHORE.	QUANTITÉ De gaz hydrog. phosphuré, dégagé par l'eau du phosplure de potassium.	OBSERVATIONS.
Première..	une mes. M.	Un morceau équivalent à une demi-mesure M.	111	1. Le gaz hydrogène phosphuré qu'on a obtenu ainsi, quoique très-chargé de phosphore, n'en contenoit point assez pour s'enflammer par le contact de l'air. 2. La température étoit de 14°. cent., et la pression de 0m.755. 3. Les gaz ont été mesurés dans le tube gradué T.
Seconde...	idem	Un morceau équivalent à une mesure et demie M.	111,5	
Troisième.	idem	Un morceau équivalent à deux mesures M.	111	
Quatrième.	idem	Un morceau équivalent à trois mesures M.	111,5	

Il faut bien se garder, dans ces expériences, de traiter par l'eau froide le phosphure formé ; cette eau ne dégage que lentement les dernières portions de gaz , et il est rare même qu'elle en dégage autant que l'eau chaude : au lieu d'obtenir 111, on n'obtiendroit souvent que 92.

167. On voit donc qu'une petite quantité de *potassium* M, susceptible de donner avec l'eau 79^p de gaz hydrogène (99), forme, en la combinant avec le phosphore, un phosphure d'où on retire avec l'eau chaude 111 parties de gaz hydrogène phosphuré. Or , le gaz hydrogène phosphuré contient au moins, ainsi que nous nous en sommes assurés, une fois et demie son volume de gaz hydrogène. Il s'ensuit donc que 111 parties de gaz hydrogène phosphuré, représentent au moins 166^p,5 de gaz hydrogène, c'est-à-dire une quantité d'hydrogène plus que double de celle que peut donner avec l'eau la quantité de *potassium* employé. Cependant M. Davy prétend le contraire ; selon lui, le phosphure de *potassium* donne, avec l'eau, moins de gaz hydrogène que le *potassium* lui-même. D'où vient cette différence entre ses résul-

tats et les nôtres? Il est difficile d'en rendre raison.

168. On pouvoit *à priori*, prévoir que le phosphure de *potassium* se comporteroit avec l'eau comme nous venons de l'exposer; car, dans ce cas, on obtient non-seulement tout l'hydrogène dû au *potassium*, mais encore une autre portion qui provient de la décomposition de l'eau qu'opère le phosphure : aussi retire-t-on moins de gaz hydrogène, en traitant le phosphure de *potassium* par un acide, que par l'eau, parce que l'acide saturant la base, et séparant le phosphore, l'eau ne peut plus être décomposée. On n'en retire même pas, et on ne doit pas en retirer des quantités constantes au moyen de l'acide, et elles doivent être d'autant plus foibles, que l'acide est plus fort et le phosphure mieux pulvérisé.

EXPÉRIENCES.	QUANTITÉ DE POTASSIUM.	QUANTITÉ DE PHOSPHORE.	FORCE DE L'ACIDE.	GAZ HYDROGÈNE PHOSPHURÉ.
Première..	une mes. M.	Quantité équivalente à deux mesures M.	Dix parties du tube gradué T, d'un acide sulfurique formé avec quatre parties d'acide concentré , et six parties d'eau.	80
Seconde..	idem	Quantité équivalente à deux mesures M.	Dix parties du tube gradué T, d'un acide sulfurique formé avec deux parties d'acide concentré et huit parties d'eau.	92
Troisième.	idem	Quantité équivalente à deux mesures M.	Dix parties du tube gradué T, d'un acide formé avec une partie d'acide concentré , et neuf parties d'eau.	98

169. Il étoit nécessaire, pour répondre à tous les faits avancés par M. Davy, de prouver aussi que l'hydrogène phosphuré ne contient point d'oxigène. Nous avons donc traité sur le mercure, dans une petite cloche recourbée, une quantité donnée de *potassium* avec un grand excès d'hydrogène phosphuré. L'action a été prompte, surtout lorsque le métal a été fondu. Il s'est formé un phosphure ressemblant absolument à celui qu'on fait directement. Les gaz ont augmenté beaucoup de volume, et contenoient beaucoup d'hydrogène. En traitant par l'eau le phosphure produit de l'expérience, on en a retiré absolument la même quantité d'hydrogène phosphuré que si on l'eût fait de toutes pièces; par conséquent, plus de deux fois plus d'hydrogène que n'en auroit donné le métal seul avec l'eau. Ces résultats, qu'on a constatés plusieurs fois, prouvent donc, 1°. que le gaz hydrogène phosphuré ne contient point d'oxigène; 2°. que le *potassium* décompose complètement l'hydrogène phosphuré, et en absorbe le phosphore sans aucune trace d'hydrogène.

EXPÉRIENCES.	QUANTITÉ DE POTASSIUM. M.	QUANTITÉ DE GAZ HYDROG. PHOSP.	QUANTITÉ De gaz qu'on retire par l'eau chaude du produit solide.	OBSERVATIONS.
Première..	unemes. M.	un excès.	110,5	1. La température étoit de 15°, et la pression de 0m,76.
Seconde.	idem	idem	111	2. Dans une expérience où l'on avoit, au contraire, mis un excès de *potassium*, tout le gaz hydrogène phosphuré a été décomposé; et comme on avoit fortement élevé la température, il paroît qu'il ne s'étoit point formé d'hydrure de *potassium*, et que tout l'hydrogène de l'hydrogène phosphuré avoit été dégagé. On avoit opéré sur 102 parties de gaz, et on a obtenu 149 parties d'hydrogène; c'est là ce qui nous a fait croire précédemment que nous pensions que l'hydrogène phosphoré contenoit une fois et demie son volume d'hydrogène. Nous avons essayé de déterminer la proportion de ses principes constituans, en dissolvant directement du phosphore dans le gaz hydrogène, mais cette dissolution n'a pas lieu.
Troisième.	idem	idem	111,5	
Quatrième.	idem	idem	111	

170. Il résulte des faits rapportés dans ce mémoire ,

1°. Que le gaz hydrogène sulfuré contient un volume d'hydrogène égal au sien ;

2°. Que le gaz hydrogène phosphuré en contient très-probablement une fois et demie son volume ;

3°. Que le gaz hydrogène sulfuré peut être décomposé par le *potassium* et le *sodium*, et que dans cette décomposition il se développe précisément la même quantité d'hydrogène que le métal seul en donneroit avec l'eau ;

4°. Que le gaz hydrogène phosphuré est décomposé par le *potassium* et le *sodium* , en sorte que le phosphore se combine avec le métal , et que l'hydrogène se dégage ;

5°. Que les gaz hydrogène sulfuré et hydrogène phosphuré ne contiennent point d'oxigène , ou du moins que les expériences faites par M. Davy, pour le prouver , ne conduisent point à cette conséquence ;

6°. Que le soufre et le phosphore ne contiennent point d'oxigène , ou du moins que les expériences par lesquelles M. Davy prétend démontrer l'existence de ce gaz dans ces corps, ne sont point concluantes; qu'ainsi, on doit toujours continuer à regarder comme simples ou indécomposés, ces deux combustibles que M. Davy veut assimiler, quant à leur nature et leur composition, aux substances végétales;

7°. Que néanmoins il n'est pas douteux que le soufre ne contienne un peu d'hydrogène, d'après les expériences de M. A. Berthollet, et de M. Davy, et qu'il est probable que le phosphore est dans le même cas.

Nota. Depuis la publication de ce mémoire, M. Davy semble reconnoître avec nous que le soufre et le phosphore, les gaz hydrogène sulfuré et hydrogène phosphuré ne contiennent point d'oxigène; cependant il persiste à croire, comme il l'avoit annoncé d'abord, qu'en traitant le sulfure de *potassium* par les acides, on obtient moins de gaz hydrogène sulfuré qu'on obtient d'hydrogène, en mettant le *potassium* de ce sulfure en contact avec l'eau; et il prétend qu'au contraire on obtient plus de gaz hydrogène en traitant le *potassium* par le gaz hydrogène sulfuré, qu'en le traitant par l'eau. *Voyez* le mémoire qu'il a publié à cet égard, *Journal de Physique*, mai 1810, pages 398-405; *voyez* aussi notre réponse à ce mémoire, même journal, mai 1810, pages 417-423.

DE L'ACTION DU POTASSIUM SUR LES MÉTAUX LES PLUS FUSIBLES.

171. Le *potassium* forme aisément des alliages avec les métaux qui sont très-fusibles. Ces alliages peuvent se faire dans le gaz azote, sur le mercure, au moyen d'une petite cloche de verre recourbée, planc. 5, fig. 2; on la remplit de gaz azote, on la renverse en tenant le doigt dessus, on y jette promptement les matières à allier, on la plonge dans le mercure, on en chauffe la partie courbe avec une lampe à esprit-de-vin et des charbons rouges s'il en est besoin, et bientôt l'opération est terminée. Ces alliages peuvent encore se faire dans un tube dont on a fermé l'une des extrémités, à la lampe, mais il faut qu'il soit plutôt étroit que large. On met tout le *potassium* au

fond de ce tube, et on le recouvre exactement du métal en poudre avec lequel on
veut l'allier; on tire l'extrémité supérieure
du tube à la lampe pour n'y laisser qu'une
très-petite ouverture, et on en chauffe l'extrémité inférieure en le tenant avec des
pinces au-dessus des charbons rouges dont
on l'approche peu à peu. C'est par l'un ou
l'autre de ces procédés, et quelquefois par
tous deux, qu'ont été faits les sept alliages
suivans. On indiquera celui qui aura été
suivi pour chaque alliage.

Alliage de potassium et de plomb.

172. Potassium................. deux mesures M.
Plomb en limaille fine...... huit mesures M.
Procédé employé .... second.

L'alliage s'est fait aussitôt que le plomb
a été fondu ; il est solide, très-fusible et
très-cassant; sa cassure est à grains très-fins.
Pulvérisé, il se détruit peu à peu à l'air;
il fait une vive effervescence avec l'eau ; il
en fait encore une plus vive avec les acides.
Dans tous les cas, le *potassium* est trans-

formé en potasse , et le plomb reprend sa ductilité ordinaire.

Alliage de potassium et de bismuth.

173. Potassium................ deux mesures M.
Bismuth en poudre......... huit mesures M.
Procédé employé........... second.

L'alliage se fait presqu'aussitôt que le *potassium* est fondu ; il est solide, très-fusible, très-cassant ; sa cassure présente de très-petites facettes, sa couleur tient de celle du bismuth. Quand on en place un fragment sur la langue , la saveur en paroît caustique. Pulvérisé, il se détruit à l'air ; il fait une vive effervescence avec l'eau , et une plus vive encore avec les acides. Dans ces trois cas, le *potassium* est transformé en potasse, et le bismuth mis à nu.

Alliage de potassium et d'antimoine.

174. Potassium .... deux mesures M.
Antimoine en poudre....... huit mesures M.
Procédé employé.......... les deux.

L'alliage s'est fait avec assez de facilité.

Au moment où il a eu lieu, il s'est dégagé de la lumière, ce qui annonce une affinité très-grande entre ses principes. Comme il n'est pas très-fusible, ou a cru devoir le porter au rouge pour en opérer complètement la fusion et en former un culot. Cet alliage est un peu moins blanc que l'étain, cassant, à grains fins, assez fusible; il paroît caustique; il se détruit tout de suite à l'air, fait une très-vive effervescence avec l'eau, en fait une bien plus vive encore avec les acides : et dans les trois cas, le *potassium* est transformé en potasse, et l'antimoine mis à nu.

Alliage de potassium et d'étain.

175. *Potassium* . . . . deux mesures M.
Étain en limaille . . . . sept mesures M.
Procédé employé . . . . premier.

L'alliage s'est fait avec dégagement d'une foible lumière; on a chauffé presque jusqu'au rouge pour le rassembler complètement en forme de culot. Il est un peu moins blanc que l'étain, cassant, à grains fins, assez fusible ; il paroît caustique ; il se détruit tout de suite à l'air, fait une très-vive effervescence avec l'eau, en fait une bien plus vive avec les acides : dans ces trois cas, le *potassium* est transformé en potasse, et l'étain mis à nu.

Lorsque cet alliage contient moins d'étain qu'on ne vient de l'indiquer, il s'enflamme ordinairement dans l'air, surtout au moment où l'on essaye de le pulvériser ; voilà pourquoi on est obligé de le faire dans le gaz azote ; car autrement, il se détruit presqu'à mesure qu'il se fait. Il est probable que dans cette inflammation, il y a une portion d'étain brûlé, et que l'oxide qui en résulte, se combine avec la potasse.

Alliage de potassium et de zinc.

176. *Potassium* . . . . deux mesures M.
Zinc en limaille et très-ductile. huit mesures M.
Procédé employé . . . . les deux.

L'alliage est difficile à faire, parce que le *potassium* se volatilisant en grande partie, il ne s'en combine peut-être pas avec le zinc le quart de ce qu'on en employe. On a

chauffé cet alliage jusqu'au rouge cerise
pour le fondre ; il est cassant, grenu, sensiblement caustique; sa couleur est celle du
zinc pulvérisé; il se détruit peu à peu à l'air,
fait effervescence avec l'eau, et en fait une
vive avec les acides: dans tous ces cas, le
potassium est transformé en potasse, et le
zinc est mis en liberté, excepté dans le dernier où il peut lui-même être attaqué par
l'acide.

Premier alliage de potassium et de mercure.

177. *Potassium*... une mesure M, ou 0^{gr}.,0212 (99).
  Mercure.... 3^{gr}.,069.
  Procédé..... les deux.

L'alliage s'est fait avec un grand dégagement de chaleur, aussitôt que le *potassium*
a été fondu, mais sans dégagement de lumière : il est liquide à la température de
l'atmosphère ; sa couleur est celle du mercure; il paraît caustique et se détruit peu
à peu à l'air ; il fait une légère effervescence
avec l'eau; il en fait une très-vive avec les
acides: dans ces trois cas, le *potassium* est
transformé en potasse, et le mercure re-
paroît sous sa forme ordinaire.

Deuxième alliage de potassium et de mercure.

Potassium..... deux mesures M, ou 0ᵍʳ.,0424.
Mercure........ 3ᵍʳ.,069.
Procédé........ les deux.

L'alliage s'est fait avec un grand dégagement de chaleur aussitôt que le *potassium* a été fondu, mais sans dégagement de lumière : il est solide à la température ordinaire, et devient liquide à une température plus élevée ; il cristallise facilement, et jouit d'ailleurs des mêmes propriétés que le précédent.

Troisième alliage de potassium et de mercure.

Potassium...... trois mesures M, ou 0ᵍʳ.,0636.
Mercure........ 6ᵍʳ.,138.
Procédé........ les deux.

L'alliage s'est fait avec un grand dégagement de chaleur, aussitôt que le *potassium* a été fondu, mais sans dégagement de lumière. Il est solide à la température de l'atmosphère et devient liquide à une température plus élevée ; il cristallise facilement, et jouit enfin des mêmes propriétés que le précédent.

Ces divers alliages de mercure et de *potassium*, et surtout le premier, peuvent aussi se faire à froid, lorsque le *potassium* n'est point couvert d'huile, ou lorsque la surface n'en est point oxidée; alors on voit évidemment combien est grande la chaleur qui se dégage au moment de leur formation. Vingt fois, nous avons été témoins de la formation spontanée de ces alliages, en laissant tomber quelques parcelles de *potassium* dans la cuve à mercure : à peine le contact avoit-il lieu, que ces parcelles s'agitoient en tous sens, alloient et venoient très-rapidement, et finissoient bientôt par disparoître.

Alliage de potassium et d'arsenic.

178. Potassium................... deux mesures M.
    Arsenic en poudre.......... six mesures M.
    Procédé employé .... les deux.

Cet alliage se fait facilement et avec un grand dégagement de lumière. Au lieu d'être brillant et métallique comme les précédens, il est du moins en grande partie, terne et brun-marron presque comme les phosphures. Ce n'est qu'en employant une grande quantité d'arsenic, qu'on parvient à en avoir un petit culot. Cet alliage se distingue surtout des autres, en ce que l'effervescence qu'il fait avec l'eau et les acides est beaucoup moins grande qu'elle ne devroit l'être, en raison de la quantité de *potassium* qu'il contient.

Pour connoître la cause de ce phénomène, on a déterminé, comme il suit, la quantité et la nature du gaz qui se dégage de l'arseniure de *potassium*, quand on le met en contact avec l'eau.

On a rempli de mercure une cloche de verre recourbée A, pl. 5, fig 2; on y a fait passer quatre-vingts parties de gaz azote du tube gradué T, et on a porté successivement dans la partie courbe de la cloche, avec une tige de fer, trois mesures M de *potassium*, et un petit fragment d'arsenic bien métallique, équivalent en volume à une seule mesure M. Alors, on a chauffé avec une lampe à esprit-de-vin; l'alliage s'est fait très-promptement et avec dégagement de lu-

mière : on a laissé refroidir et on a mesuré
les gaz ; il ne s'en est trouvé que quatre-vingt-
une parties. Ces gaz étoient sans odeur ou
sentoient à peine l'huile, éteignoient les
corps en combustion et jouissoient de tous
les caractères de l'azote : donc, il ne s'en
étoit ni absorbé, ni dégagé. Ainsi la combinaison qui s'étoit formée, étoit véritable-
ment composée de *potassium* et d'arsenic
dans les proportions qui viennent d'être rapportées.

Ce point étant bien déterminé, on a fait
passer dans la cloche de verre à l'extrémité
de laquelle étoit l'arseniure de *potassium* et
qui du reste étoit pleine de mercure, environ soixante parties d'eau du tube gradué T ;
aussitôt, il s'est fait une vive effervescence qui
s'est arrêtée presque subitement. Tout l'arseniure a été visiblement détruit, et il s'est
formé une matière floconneuse très-légère,
et ressemblant pour la forme et la couleur à
une sorte de kermès très-foncé. Cependant on
a cru devoir faire bouillir l'eau, afin d'attaquer les portions d'arseniure qui auroient
échappé à son action, à une basse température ; mais l'effervescence ne s'est point re-

nouvelée, ainsi qu'on l'avoit prévu. Enfin, on a mesuré les gaz et on les a examinés; il n'y en avoit que cent deux parties du tube gradué T, et ils n'étoient formés que d'hydrogène arseniqué. On a répété cette expérience cinq fois afin d'en bien constater les résultats. Tantôt on a mis en volume trois parties de *potassium* M, et toujours un tiers ou un quart de partie d'arsenic bien brillant et bien métallique; on a eu même plusieurs fois la précaution de mettre de l'acide muriatique ou sulfurique faible avec l'arseniure de *potassium*, et de faire bouillir comme précédemment. Toutes les expériences sont supposées faites à 15° cent. et à 0^m,75 de pression.

PREMIÈRE EXPÉRIENCE.

Potassium...................... quatre mesures M.
Fragment d'arsenic............. une mesure M.
Gaz hydrogène arseniqué obtenu
  avec l'eau.................... 134^p du tub. gr. T.

DEUXIÈME EXPÉRIENCE.

Potassium...................... trois mesures M.
Fragment d'arsenic............. une mesure M.
Gaz hydrogène arseniqué obtenu
  avec eau acide................ 97^p du tube gr. T.

TROISIÈME EXPÉRIENCE.

Potassium................... deux mesures M.
Fragment d'arsenic............. demi-mesure M.
Gaz hydrogène arseniqué obtenu
avec eau acide............... 67ᵖ· du tube gr. T.

QUATRIÈME EXPÉRIENCE.

Potassium.................... une mesure M.
Fragment d'arsenic............. un tiers de mes. M.
Gaz hydrogène arseniqué obtenu
avec eau acide............... 33ᵖ· du tube gr. T.

CINQUIÈME EXPÉRIENCE.

Potassium.................... une mesure M.
Fragment d'arsenic............. un tiers de mes. M.
Gaz hydrogène arseniqué obtenu
avec eau acide .... 34ᵖ· du tube gr. T.

En prenant la moyenne de toutes ces expériences, il résulte que chaque mesure M
de *potassium*, donne 33ᵖ·,36 du tube gradué T d'hydrogène arseniqué: par conséquent, s'il ne s'est rien passé d'extraordinaire, ces 33ᵖ·,36 d'hydrogène arseniqué
doivent représenter 79 parties de gaz hydrogène pur, puisque chaque mesure M de
potassium donne cette quantité d'hydro-

gène avec l'eau (99). Pour pouvoir prononcer à cet égard, il faut donc faire l'analyse du gaz hydrogène arseniqué.

179. On y est parvenu en traitant une quantité déterminée de gaz hydrogène arseniqué par un excès d'étain sur le mercure, dans une petite cloche de verre recourbée A, pl. 5, fig. 2.

On a fait fondre l'étain peu à peu, et peu à peu aussi on a chauffé la cloche presqu'au point de la faire fondre ; on l'a maintenue à cette température en l'agitant de temps à autre pendant trois quarts-d'heure ; et ensuite, après l'avoir laissé refroidir, on a mesuré de nouveau le gaz qui s'est trouvé être du gaz hydrogène pur. On s'en est assuré en l'enflammant ; car n'eût-il contenu qu'un quarantième de gaz hydrogène arseniqué non décomposé, il se seroit fait un dépôt très-visible d'arsenic sur les parois de la cloche qui le renfermoit. Tantôt on a opéré sur le gaz hydrogène arseniqué provenant de l'arseniure de *potassium* et de l'eau, et tantôt sur celui qu'on fait en traitant par l'acide muriatique un alliage de trois parties d'étain et d'une d'arsenic.

PREMIÈRE EXPÉRIENCE.

Gaz hydrog. arseniq. de l'arseniure. 100ᵖ· du tub. gr. T.
Etain bien décapé .... Petit fragment.
Gaz hydrogène................., 140.

DEUXIÈME EXPÉRIENCE.

Gaz hydrog. arseniq. de l'arseniure. 106ᵖ· du tub. gr. T.
Etain bien décapé .... Petit fragment.
Gaz hydrogène................. 148.

TROISIÈME EXPÉRIENCE.

Gaz hydrog. arseniq. de l'arseniure. 110ᵖ· du tub. gr. T.
Etain bien décapé .... Petit fragment.
Gaz hydrogène................. 155.

QUATRIÈME EXPÉRIENCE.

Gaz hydrogène arseniqué de l'étain
    arsenical..................... 100ᵖ· du tub. gr. T.
Etain bien décapé .... Petit fragment.
Gaz hydrogène................. 139,5.

CINQUIÈME EXPÉRIENCE.

Gaz hydrogène arseniqué de l'étain
    arsenical..................... 105ᵖ· du tub. gr. T.
Etain bien décapé .... Petit fragment.
Gaz hydrogène................. 147.

Il résulte évidemment de là que l'hydrogène arseniqué est toujours formé de la même quantité d'arsenic et d'hydrogène, et que cent parties.de ce gaz contiennent ou représentent cent quarante parties de gaz hydrogène pur (1).

Mais puisque chaque mesure M de *potassium*, qui avec l'eau donne soixante-dix-neuf parties de gaz hydrogène, ne donne que 33,36 de gaz hydrogène arseniqué (178),

---

(1) Nous avons encore tenté, mais vainement, l'analyse du gaz hydrogène arseniqué de deux autres manières, l'une par le soufre, et l'autre en cherchant à dissoudre de l'arsenic dans le gaz hydrogène.

PREMIÈRE EXPÉRIENCE.

Gaz hydrogène arseniqué. 141ᵖ. du tub. gr. T.
Soufre .... un excès.

On a tenu le soufre en fusion pendant sept minutes, et ensuite on l'a volatilisé ; il en est résulté cent soixante-une parties de gaz, dont cent quarante d'hydrogène sulfuré, et vingt d'hydrogène arseniqué. Une portion de l'hydrogène a dû être absorbée.

DEUXIÈME EXPÉRIENCE.

Gaz hydrogène........... 132ᵖ. du tub. gr. T.
Arsenic bien pur........ un excès.

On a volatilisé l'arsenic à plusieurs reprises, et chauffé pendant demi-heure ; on a retrouvé cent trente-deux parties de gaz qui n'étoient que de l'hydrogène.

il s'ensuit qu'il disparoît près de trente-une parties et demie de gaz hydrogène dans cette dernière expérience. Que deviennent-elles? c'est ce qu'il faut rechercher.

180. On ne peut point supposer qu'au moment où l'alliage se fait, il y ait perte de *potassium*; car on acquiert la preuve du contraire en regardant la cloche avec attention : on ne peut point supposer non plus que tout l'arseniure ne soit pas décomposé; car il se divise tellement par le contact de l'eau, que bientôt on n'aperçoit plus que des flocons légers de couleur chocolat, sur lesquels l'acide muriatique n'a aucune action. Enfin, on ne peut pas supposer que l'arsenic employé contienne de l'oxigène, et transforme en potasse une portion du *potassium*; car cet arsenic est brillant, bien métallique, et en si petite quantité par rapport au *potassium*, qu'il faudroit qu'il contînt beaucoup d'oxigène pour produire cet effet. Il n'est donc qu'une supposition à faire; c'est de regarder ces flocons brun-marron comme un hydrure d'arsenic; et c'est ce qu'on ne peut se dispenser d'admettre, en considérant la masse des faits que

nous venons de rapporter. D'ailleurs, une
grande quantité d'hydrogène pouvant gazéi-
fier une petite quantité d'arsenic, on ne voit
pas pourquoi beaucoup d'arsenic ne pourroit pas solidifier un peu d'hydrogène. Nous
savons que la démonstration de l'existence
de l'hydrogène dans ces flocons bruns seroit plus rigoureuse, si l'on pouvoit en retirer ce gaz ; nous espérons le faire : mais
jusqu'à présent nous n'avons pu que pro-
jeter des essais à cet égard. On pourroit
peut-être, par la synthèse, lever tous les
doutes à cet égard, plus facilement que
par l'analyse : seulement, il ne faudroit
pas présenter l'hydrogène à l'état de gaz à
l'arsenic ; car son action sur ce métal est
nulle, ainsi qu'on l'a vu précédemment(179).
On réussiroit sans doute, en plaçant de
l'arsenic au pôle négatif d'une pile (1), ou
en traitant quelques alliages arsenicaux par
un acide d'où résulteroit la décomposition
de l'eau, et par conséquent la production

---

(1) M. Davy a fait cette expérience avec une batterie
de 600 paires, *Trans. Philos.*, 1810, pag. 31, et a été
conduit à trouver, comme nous, que l'arsenic pouvoit absorber l'hydrogène à l'état solide.

d'une certaine quantité d'hydrogène à l'état naissant (1).

181. Après avoir examiné tous les phénomènes que présente l'arseniure de *potassium*, et surtout après avoir analysé le gaz hydrogène arseniqué, il étoit naturel d'étudier l'action de ce gaz sur le *potassium*. On a fait à cet égard toutes les expériences nécessaires sur le mercure, dans une cloche de verre recourbée A, pl. 5, fig. 2. A froid même, l'action commence à avoir lieu; mais aussitôt qu'on élève la température, il se forme une croûte rougeâtre; des fumées épaisses se condensent sur les parois de la cloche et s'y moulent; le gaz est décomposé subitement; l'hydrogène est mis en liberté,

---

(1) Nous avons fait une expérience analogue en plongeant une lame de zinc dans du muriate acide d'arsenic étendu d'eau, et il en est résulté sur-le-champ de l'arsenic hydrogéné en flocons brun-marron. Malheureusement, le zinc se recouvre peu à peu de cet arsenic hydrogéné, de sorte qu'au bout d'un certain temps, l'action est presque nulle.

Il ne seroit point impossible que l'arsenic hydrogéné jouât un rôle remarquable dans la liqueur arsenicale et fumante de Cadet, qu'on fait en distillant un mélange d'acétate de potasse, et d'oxide blanc d'arsenic.

et l'arsenic se combinant avec le *potassium*, forme un véritable arseniure de *potassium*, absolument semblable pour la forme et les propriétés, à celui qu'on fait directement.

PREMIÈRE EXPÉRIENCE.

Potassium...................... une mesure M.

Gaz hydrogène arseniqué .... 120P· du tub. gr. T.

Gaz après l'action de l'hydrogène
 arseniqué.................. 170 d'hydrog. pur.

Gaz hydrogène arseniqué provenant de l'action de l'eau sur l'arseniure de *potassium*.......... 33.

DEUXIÈME EXPÉRIENCE.

Potassium...................... une mesure M.

Gaz hydrogène arseniqué........ 130P· du tub. gr. T.

Gaz après l'action de l'hydrogène
 arseniqué.................. 180 hydrog. contenant un peu d'arsenic.

Gaz hydrogène arseniq. provenant de l'action de l'eau sur l'arseniure de *potassium*................ 33P·,5.

TROISIÈME EXPÉRIENCE.

Potassium...................... une mesure M.

Gaz hydrogène arseniqué........ 140P· du tub. gr. T.

Gaz après l'action de l'hydrogène
arseniqué .... 190 d'hydrog. contenant une quan-
tité remarquable
d'arsénic.

Gaz hydrogène arséniq. provenant
de l'action de l'eau sur l'arseniure
de *potassium* .... 33p.,5.

On voit donc, 1°. qu'une mesure M de *po-*
tassium décompose constamment cent vingt
parties de gaz hydrogène arseniqué, et qu'elle
ne peut en décomposer davantage; en sorte
que, si cette mesure de *potassium* est en
contact avec cent trente ou cent quarante
parties de ce gaz, il y en a dix ou vingt qui
ne sont point attaquées; 2°. que tout l'hydrogène de ces cent vingt parties de gaz
hydrogène arseniqué est mis en liberté, et
correspond à cent soixante et dix parties, ce
qui se rapporte sensiblement avec l'analyse
qu'on en a faite (179) (1). 3°. Enfin, que

_____

(1) Il seroit possible que 100 parties de gaz hydrogène
arseniqué continssent 150 parties de gaz hydrogène, au
lieu de 140. Il faudroit admettre pour cela, qu'en décomposant l'hydrogène arseniqué par l'étain (179), et
par le *potassium* (181), tout l'hydrogène ne fût point mis
en liberté, et qu'il y en eût dans les deux cas une égale

l'arseniure de *potassium* qui en provient, donne avec l'eau trente-trois parties de gaz hydrogène arseniqué, comme celui qu'on fait directement avec l'arsenic, et que par conséquent il se forme dans les deux cas un hydrure d'arsenic solide.

QUATRIÈME EXPÉRIENCE.

Potassium..................... une mesure M.

Gaz hydrogène arseniqué........ 78ᵖ· du tub. gr. T.

Gaz après l'action de l'hydrogène
arseniqué .... 93ᵖ· d'hydrog. pur.

Gaz provenant de l'action de l'eau
sur l'arseniure de *potassium*.... 75ᵖ· d'un gaz contenant beaucoup
d'arsenic.

Les résultats de cette expérience ne s'accordent point avec ceux des trois expériences précédentes ; car après l'action du gaz hydrogène arseniqué sur le *potassium*,

---

quantité qui fît partie de l'alliage qu'on obtient. Il n'y aurait rien d'extraordinaire en cela ; et ce qui autorise, jusqu'à un certain point, à croire que telle est la composition du gaz hydrogène arseniqué, c'est que l'un de nous a fait voir (2ᵉ. vol. d'Arcueil), que les gaz en se combinant entre eux ou avec d'autres corps, éprouvoient des condensations ou des dilatations de volume qui sont toujours dans des rapports très-simples.

on devroit obtenir cent quinze parties de
gaz, au lieu de quatre-vingt-treize; et en
même temps on ne devroit pas en retirer
soixante-quinze parties, en traitant l'arseniure de *potassium* par l'eau. Mais il est facile de se rendre compte de cette sorte d'a-
nomalie; c'est que le *potassium* étant en
excès, absorbe une portion de l'hydrogène appartenant à l'hydrogène arseniqué:
il se fait ainsi un hydrure et un arseniure
de *potassium* que l'eau décompose, et dont
elle dégage de l'hydrogène.

Alliage du potassium et du fer.

182. Outre les sept alliages dont on a
parlé précédemment, il en est un autre
qu'on obtient toujours dans la préparation
du *potassium*, en mettant quelques parties
de tournure de fer en C D, pl. 4, fig. 2. Dans
ce cas, cette tournure étant en contact pendant une heure à une température élevée
avec du *potassium* qui se sublime, elle l'absorbe, devient très-flexible et quelquefois
si molle, qu'on peut la couper très-facilement avec des ciseaux, et même la rayer

avec l'ongle. Alors elle décompose l'air, fait une vive effervescence avec l'eau et les acides, et bientôt reprend ses propriétés primitives. Lorsqu'elle contient moins de *potassium*, elle présente ces divers phénomènes dans un degré moins marqué.

On pourroit sans doute combiner de cette manière avec le *potassium*, tous les autres métaux qui, comme le fer, sont difficiles à fondre, et à plus forte raison l'argent, le cuivre, qui sont bien plus fusibles que ce métal ; nous ne l'avons pas tenté.

DE L'ACTION DU SODIUM SUR LES MÉTAUX LES PLUS FUSIBLES.

183. On combine facilement le *sodium* avec les métaux les plus fusibles. Il en résulte des alliages qui ont un grand nombre de propriétés communes avec ceux du *potassium*. On les fait comme ceux-ci (171), tantôt dans une cloche recourbée A, pl. 5, fig. 2, où on introduit d'abord de l'azote ; et tantôt dans un tube étroit dont on a fermé l'une des extrémités à la lampe. Tous ces alliages ont lieu avec un plus ou moins grand

dégagement de chaleur, et quelques-uns avec dégagement de chaleur et de lumière. On indiquera, en parlant de chaque alliage, par quel procédé il aura été fait.

Alliage du sodium et d'étain.

184. *Sodium*.................... une mesure M.
    Étain pur en limaille fine..... quatre mes. M.
    Procédé.................... second.

Cet alliage se fait aussitôt que l'étain est fondu, et sans dégagement de lumière. Il est blanc, caustique, très-cassant, et a le grain de l'acier; il paroît sensiblement moins fusible que l'étain ; exposé à l'air , il se décompose promptement, se ternit et se couvre bientôt d'une liqueur âcre : mis en contact avec l'eau, il en résulte un grand dégagement de gaz hydrogène; traité par les acides, il en résulte encore un plus grand dégagement d'hydrogène qu'avec l'eau. Dans tous les cas, le *sodium* est transformé en soude, et l'étain est mis à nu.

Alliage de sodium et de plomb.

285. Sodium .... une mesure M.
Plomb en limaille fine .... quatre mes. M.
Procédé .... second.

Cet alliage se fait sans dégagement de lumière et aussitôt que le plomb entre en fusion. Il est un peu ductile; le grain en est très-fin et gris bleuâtre : il a une saveur sensiblement caustique, et est à peu près aussi fusible que le plomb; il se détruit lentement à l'air, ne fait pas une vive effervescence avec l'eau, et en fait une assez vive avec les acides : dans tous les cas, le *sodium* se transforme en soude, et le plomb s'affine peu à peu.

Autre alliage de sodium et de plomb.

186. Sodium .... une mesure M.
Plomb en limaille fine .... trois mesures M.
Procédé .... second.

Cet alliage se fait sans dégagement de lumière et aussitôt que le plomb entre en fusion. Il est à peu près aussi fusible que ce métal; il a une saveur caustique et une couleur gris bleuâtre ; il est cassant, et sa cassure est à grains fins ; il résiste moins à l'action de l'air que le précédent, fait une assez forte effervescence avec l'eau, et en fait une plus vive avec les acides. Dans tous les cas, le *sodium* se transforme en soude, et le plomb s'affine peu à peu.

Alliage de sodium et de bismuth.

187. Sodium. . . . . une mesure M.
Bismuth en poudre. . . . . quatre mes. M.
Procédé. . . . . second.

Cet alliage ne se fait qu'à une température plus élevée que celle à laquelle le bismuth fond. Il est moins fusible que ce métal ; la couleur en est gris-jaunâtre, et la saveur caustique : il est très-cassant et a un grain fin ; il se détruit assez promptement à l'air, fait une vive effervescence avec l'eau et une bien plus vive avec les acides. Dans tous les cas, le *sodium* est tranformé en soude, et le bismuth est mis à nu.

Alliage de sodium et de zinc.

188. Sodium................... une mesure M.
Zinc très-ductile en limaille fine quatre mes. M.
Procédés.................. les deux.

Cet alliage ne se fait, pour ainsi dire, qu'à
la température rouge-cerise ; la couleur en
est gris-bleuâtre : il est cassant, et composé
de petites lames ; il est à peu près aussi fusible que le zinc. La saveur n'en est que foible ; il se détruit peu à peu à l'air, fait une
foible effervescence avec l'eau, en fait une
très-forte avec les acides, et se transforme
dans les trois cas en *sodium* et en zinc, surtout quand on le pulvérise.

Alliage de sodium et d'antimoine.

189. Sodium..................... une mesure M.
Antimoine en poudre........ quatre mes. M.
Procédés................. les deux.

Cet alliage se fait à peine au degré de chaleur où l'antimoine entre en fusion. Au moment où ses deux principes s'unissent, il
s'en dégage de la lumière : il est très-cassant;

sa cassure ressemble à celle du métal de cloche ; il est plus caustique que les précédens : il décompose l'air très-promptement, s'y ternit et se couvre d'une liqueur alcaline, d'où l'on voit se dégager des bulles ; il fait une vive effervescence avec l'eau , en fait une très-vive avec les acides , et se transforme dans ces trois cas en soude et en antimoine.

Alliage de sodium et d'arsenic.

190. Sodium................... une mesure M.
Arsenic en poudre.......... trois mesures M.
Procédés................. les deux.

Cet alliage se fait à une température bien au-dessous du rouge-cerise, et avec un foible dégagement de lumière. Il est cassant, à grains fins ; la saveur en est assez forte et la couleur d'un gris-blanc. Il se décompose à l'air presqu'aussi promptement que le précédent, et se couvre d'une liqueur âcre et alcaline, d'où se dégagent de petites bulles ; il fait une très-vive effervescence avec l'eau et les acides , et se transforme, dans ces deux derniers cas, en soude et en flocons brun-marron, qui sont probablement un hydrure solide d'arsenic (179).

Autre alliage de sodium et d'arsenic.

Sodium.................... une mesure M.
Arsenic en fragmens .... une demi-m. M.
Procédé.................... le premier.

Cet alliage se fait, comme le précédent, avec dégagement de lumière ; mais au lieu d'être métallique et brillant comme lui, il est brun-marron et a un aspect terreux : mis en contact avec l'eau, il se décompose tout de suite et en entier ; il s'en sépare des flocons brun-marron qui sont sans doute un hydrure d'arsenic, et il s'en dégage du gaz hydrogène arseniqué qui ne représente jamais la quantité d'hydrogène qu'est susceptible de donner le *sodium* seul avec ce liquide.

191. Quoiqu'on fût bien persuadé que l'action de l'hydrogène arseniqué sur le *sodium*, seroit analogue à celle qu'il exerce sur le *potassium*, on a voulu faire une expérience à ce sujet. On s'est servi d'une cloche recourbée A, pl. 5, fig. 2, et on a employé une mesure M de *sodium* et un excès

de gaz hydrogène arseniqué ; on a chauffé :
des vapeurs épaisses et rouges se sont mani-
festées ; l'hydrogène arseniqué a été décomposé ; son hydrogène a été mis en liberté,
et son arsenic s'est combiné avec le *sodium*.
L'arseniure de *sodium* étoit sans éclat métallique, avoit une couleur brun-marron et
l'aspect d'un composé terreux. Traité par
l'eau, il a été tout de suite complétement
attaqué, et on en a obtenu du gaz hydrogène
arseniqué, qui ne représentoit pas à beaucoup près tout l'hydrogène qu'est susceptible
de donner avec l'eau une mesure M de *sodium*. Ainsi, on voit que le *sodium* se comporte comme le *potassium* avec l'arsenic et
le gaz hydrogène arseniqué (177-178-179).

Premier alliage de sodium et de mercure.

192. *Sodium* .... une mesure M, ou 0^{gr}.,0238 (101).
  Mercure ... 3^{gr}.,069.

On a mis le *sodium* dans un petit tube de
verre à la température de l'atmosphère, et
on y a versé le mercure : à peine le contact
a-t-il eu lieu, que l'alliage s'est fait avec un
grand dégagement de chaleur et de lumière ;

cet alliage ne s'est point solidifié par le refroidissement.

Deuxième alliage de sodium et de mercure.

> *Sodium*........ deux mesures M, ou 0^{gr},0476.
> Mercure....... 3^{gr},069.

Cet alliage s'est fait à la température de
l'atmosphère comme le précédent, et a été
accompagné d'un grand dégagement de chaleur et de lumière; mais par le refroidissement il s'est solidifié et a cristallisé confu-
sément.

Troisième alliage de sodium et de mercure.

> *Sodium*........ trois mesures M, ou 0^{gr},0714.
> Mercure...... 6^{gr},136.

Cet alliage a été fait à froid, et a aussi
donné lieu, comme les deux premiers, à un
grand dégagement de chaleur et de lumière.
Par le refroidissement, il a formé une masse,
au milieu de laquelle on distinguoit beaucoup de petits cristaux grenus.

Ces alliages sont sapides, se liquéfient à
une température plus ou moins élevée, et
se décomposent à une chaleur rouge, parce

que le mercure s'en volatilise. Exposés à l'air, ils se décomposent, en absorbent l'oxigène et se ternissent ; ils font une vive effervescence avec l'eau, en font une extrêmement vive avec les acides, et se transforment, dans ces trois derniers cas, en soude et en mercure.

193. On n'a point pu combiner le *sodium* avec le cuivre et l'argent très-divisés, à une chaleur capable de fondre le verre ; mais on ne sauroit douter que la combinaison de ces métaux ne se fît très-bien à une temperature plus élevée dans un tube de porcelaine. Il est probable qu'on pourroit faire de même celle de tous les autres métaux avec le *sodium* ; peut-être faudroit-il pour l'allier à ceux qui sont très-peu fusibles, ne le mettre en contact avec eux, que quand ils seroient très-chauds (1).

---

(1) C'est à M. Davy qu'on doit la connoissance de la propriété qu'ont le *potassium* et le *sodium* de se combiner avec les métaux. Son travail à cet égard a donc précédé le nôtre. Notre travail diffère surtout du sien, en ce qu'il est beaucoup plus étendu. N'ayant que peu de *potassium* et de *sodium*, M. Davy n'a pu faire qu'un petit nombre d'alliages, et n'a pas pu même les obtenir qu'en trop petite quantité pour examiner le plus

grand nombre des propriétés dont ils jouissent : aussi il n'a étudié avec détail que l'amalgame de *potassium* et de *sodium* ; quant aux autres alliages, il s'est contenté de dire en parlant du *potassium* : « Lors- » qu'on fait chauffer la base de la potasse avec de l'or, » ou du fer, ou du cuivre dans un vase fermé, de verre » pur, elle agit rapidement sur ces métaux, et lorsqu'on » jette dans l'eau les composés, l'eau est décomposée, » la potasse se forme et les métaux reparoissent sans al- » tération. Lorsque la base de la potasse a été combinée » avec un métal fusible, l'alliage qui en résulte est » moins fusible que ne l'étoit le métal pur ». *Biblioth. Britann.*, tom. 39, Sciences et Arts, 1808, page 28. Et il a dit seulement, au sujet des combinaisons du *sodium* avec les métaux autres que le mercure : « Cette » même base s'allie avec l'étain sans changer sa cou- » leur, et avec l'aide de la chaleur elle agit sur le plomb » et sur l'or. Je n'ai pas examiné ses habitudes avec » les autres métaux ; mais dans son état d'alliage, elle » est bientôt convertie en soude par l'exposition à l'air, » ou par l'action de l'eau qu'elle décompose en déga- » geant l'hydrogène ». *Bib. Brit.*, tom. 39, Sciences et Arts, 1808, page 38. Nous ferons une observation relativement aux combinaisons du *potassium* avec l'or, le fer et le cuivre, dont parle M. Davy, et qui, selon lui, se font très-facilement ; c'est que nous avons vainement essayé de les obtenir. Nous avons chauffé, dans des tubes de verre, d'assez grandes quantités de *potassium* avec ces métaux, et nous avons reconnu qu'en ne portant point la chaleur au degré où se volatilise le *potassium*, on n'obtenoit que des mélanges de ce métal avec les autres ; et qu'en le chauffant assez pour le volatiliser, on n'obtenoit qu'un résidu donnant à peine quelques bulles avec l'eau.

DE L'ACTION DU POTASSIUM ET DU SODIUM
SUR LES OXIDES (1).

194. Comme on a déjà examiné l'action
du *potassium* et du *sodium* sur l'eau (95
et 100) et sur les gaz oxide nitreux, et
oxide d'azote (133, 134 et 135), il ne reste
plus à parler que de celle qu'ils exercent
sur les oxides de carbone, de phosphore
et sur tous les oxides métalliques.

195. Le *potassium* n'a point d'action sur le
gaz oxide de carbone à la température ordinaire, du moins dans l'espace de quelques
minutes; mais il en opère facilement la décomposition à une température élevée. On
a fait cette expérience dans une cloche lé-

_____

(1) M. Davy a fait connoître, avant nous, l'action du
potassium sur les oxides de fer, de plomb et d'étain.
D'après ses observations imprimées, *Bibliot. Britann.*,
tome 39, Sciences et Arts, 1808, pag. 30, ou bien,
Trans. Phil., 1808, il étoit extrêmement probable que
ce métal, ainsi que le *sodium*, étoit susceptible de décomposer tous les oxides métalliques; et c'est en effet
ce que nos expériences démontrent. Nous les avons
lues à l'Institut le 23 janvier 1809, et imprimées dans le
Bulletin de la Société Philomatique, n° 17, pages 288
et suivantes, année 1809.

gèrement recourbée, pl. 5, fig. 2. Après l'avoir séchée et remplie de mercure, on y a introduit environ deux cents parties du tube gradué T de gaz oxide de carbone (1) et un petit excès de *potassium*, ensuite on a chauffé la partie recourbée avec une lampe à esprit-de-vin.

Le *potassium* n'a point tardé à fondre, d'abord il s'est recouvert d'une légère couche grisâtre qu'on a enlevée; sous cette couche il étoit très-brillant : ainsi découvert, on l'a agité avec une tige de fer courbe, pl. 5, fig. 3. En élevant la température, il est devenu bleu d'azur à la surface; il y a eu en même temps absorption de gaz : alors élevant, de plus en plus, la température et agitant toujours le métal, il en est résulté une inflammation; et l'absorption du gaz a été presqu'instantanée. Il y a eu précipitation de carbone; presque tout le *potassium* a été converti en potasse, et tout le gaz oxide a été

(1) Ce gaz avoit été obtenu en chauffant, au rouge, un mélange de carbonate de barite et de limaille de fer dans une cornue de grès. Auparavant, on avoit eu soin d'exposer le carbonate de barite au plus grand feu de forge pour le priver d'humidité.

absorbé, sauf douze parties qui n'ont pas pu l'être (1).

197. L'oxide rouge (2) et l'oxide blanc de phosphore (3), sont décomposés avec la plus grande facilité par le *potassium*. Il y a dans les deux cas dégagement de lumière et formation de phosphure de *potassium* et de potasse. On ne doit faire cette expérience que dans une cloche A recourbée, pl. 5, fig. 2, où l'on introduit d'abord du gaz azote; à froid l'action est nulle.

---

(1) Ces douze parties étoient encore du gaz oxide de carbone; on s'en est assuré en les chauffant dans une toute petite cloche avec une nouvelle quantité de *potassium*.

(2) Cet oxide a été obtenu en tenant pendant quelque temps en fusion, à une température assez élevée, du phosphore dans un petit flacon long et étroit, semblable à ceux dont on se sert pour faire les briquets. On a séparé par l'eau l'acide qu'il pouvoit contenir.

(3) L'oxide blanc qu'on a employé provenoit de bâtons de phosphore conservés depuis long-temps dans l'eau.

DE L'ACTION DU POTASSIUM SUR LES OXIDES MÉTALLIQUES.

198. On n'a point cherché à savoir si le *potassium* peut décomposer la plupart des oxides métalliques à la température ordinaire. La difficulté qu'on éprouveroit à mettre ces matières en contact à l'état solide, a empêché d'entreprendre ces recherches ; tout ce qu'on peut dire, c'est qu'il est plusieurs oxides, tels que les oxides de mercure et d'argent, qui dans ce cas semblent éprouver une véritable décomposition. On a au contraire essayé l'action que le *potassium* peut exercer sur presque tous les oxides à une température élevée, et on s'est convaincu qu'il n'en est aucun qu'il ne puisse réduire de cette manière. Toutes les expériences ont été faites dans un petit tube de verre dont l'une des extrémités étoit ouverte et l'autre fermée à la lampe. D'abord on a mis une petite couche d'oxide au fond du tube ; ensuite on a mis environ une demi-mesure M, et quelquefois une mesure M de *potassium* bien privé d'huile par le papier

joseph ; et enfin on a recouvert le *potassium* d'une couche d'oxide à peu près épaisse d'un centimètre. Ainsi le *potassium* étoit enveloppé d'oxide de toutes parts, et privé du contact de l'air. On a chauffé le tube en le tenant avec une pince au-dessus du feu , et l'en rapprochant plus ou moins pour l'exposer à une température convenable. Presque toujours, la réduction de l'oxide a eu lieu avec lumière , quelquefois aussitôt que la fusion du *potassium* étoit opérée et quelquefois un peu de temps après. Presque toujours aussi le *potassium* a été converti en potasse ; rarement il l'a été en oxide , au summum ou au minimum : voici le résultat de tous les essais qu'on a faits.

I.

Oxide d'argent précipité du nitrate d'argent par la potasse pure. . . . . Un excès.

Potassium. . . . . Une mesure M.

Température employée. . . . . A peu près celle à laquelle le *potassium* fond.

Produits. . . . Oxide de *potassium* ; argent en petits grains ; production de lumière très-vive.

II.

Oxide de platine précipité du muriate par l'ammoniaque. . . . . Un excès.

Potassium. . . . Une mesure M.

Température employée. . . . . A peu près celle à laquelle le *potassium* fond.

Produits. . . . . Oxide de *potassium ;* platine en poudre ; lumière très-vive.

III.

Oxide rouge de mercure obtenu en chauffant le mercure avec le contact de l'air. . . . . Un excès.

Potassium. . . . . Une mesure M.

Température employée. . . . . La même que précédemment.

Produits. . . . . Oxide de *potassium ;* mercure en vapeurs ; lumière très-vive, et légère détonation due à la vapeur mercurielle.

IV.

Oxide noir de mercure, extrait, au moyen de l'ammoniaque, du muriate de mercure, récemment fait par précipitation.... Même phénomène qu'avec l'oxide de mercure rouge.

V.

Oxide puce de plomb obtenu en traitant le minium par l'acide nitrique.... Un excès.

Potassium.... Une mesure M.

Température employée..... A peu près celle à laquelle le *potassium* fond.

Produits.... Oxide de *potassium ;* oxide jaune ; lumière très-vive.

V I.

Oxide rouge de plomb , ou minium du commerce.... Un excès.

Potassium.... Une mesure M.

Température employée..... Celle à laquelle le *potassium* fond.

Produits.... Oxide de *potassium ;* oxide jaune de plomb , présentant quelques parties de plomb au centre ; lumière très-vive.

V I I.

Oxide jaune de plomb obtenu en calcinant le minium.... Un excès.

Potassium.... Une mesure M.

Température..... Un peu plus élevée
que celle à laquelle le *potassium* fond.

Produits... Oxide de *potassium ;* plomb
réduit ; lumière vive.

VIII.

*Oxide d'antimoine provenant d'un mé-
lange de nitre et d'antimoine projetés dans
un creuset rouge, et ensuite traités par l'eau
et l'acide nitrique....* Un excès.

Potassium. ... Une mesure M.

Température. ... Un peu plus élevée que
celle à laquelle le *potassium* fond.

Produits.... Oxide de *potassium ;* oxide
d'antimoine jaunâtre, présentant quelques
portions d'antimoine au centre de la masse;
lumière vive.

IX.

*Oxide d'antimoine volatil ou obtenu en
calcinant l'antimoine avec le contact de
l'air.* ... Un excès.

Potassium.... Une mesure M.

Température.... Un peu plus élevée que
celle à laquelle le *potassium* fond.

I. 17

Produits. . . . Oxide de *potassium ;* anti-moine ; lumière vive.

X.

Oxide d'antimoine retiré de l'émétique par l'ammoniaque. . . . Même phénomène qu'avec le précédent.

X I.

Oxide de nickel précipité du muriate pur de nickel par la potasse. . . . Un excès.

Potassium. . . . Une mesure M.

Température. . . . Un peu plus élevée que celle à laquelle le *potassium* fond.

Produits. . . . Oxide de *potassium ;* nickel en poudre ; lumière vive.

XII.

Oxide noir de cobalt obtenu en traitant le muriate de cobalt pur par la potasse, et en desséchant lentement le précipité dans une capsule de porcelaine. . . . Un excès.

Potassium. . . . Une mesure M.

Température. . . . Un peu plus élevée que celle à laquelle le *potassium* fond.

Produits. . . . Oxide de *potassium ;* cobalt en poudre ; lumière pas très-forte.

XIII.

*Oxide d'étain très-oxidé fait par la cal-
cination de l'étain avec le contact de l'air....*
Un excès.

Potassium. . . . Une mesure M.

Température. . . . Un peu plus élevée que
celle à laquelle le *potassium* fond.

Produits. . . . Oxide de *potassium ;* étain ,
surtout au centre de la masse ; lumière
très-vive.

XIV.

*Oxide d'étain peu oxidé , fait en précipi-
tant le muriate d'étain au minium d'oxidation par l'ammoniaque. . . .* Un excès.

Potassium. . . . . Une mesure M.

Température. . . . Un peu plus élevée
que pour fondre le *potassium.*

Produits. . . . Oxide de *potassium ;* étain ;
lumière vive.

X V.

Oxide brun de cuivre obtenu du sulfate de cuivre par la potasse .... Un excès.

Potassium .... Une mesure M.

Température .... Un peu plus élevée que pour fondre le *potassium*.

Produits .... Oxide de *potassium;* cuivre surtout au centre de la masse; lumière vive.

X V I.

Oxide jaune de cuivre obtenu en traitant le muriate blanc de cuivre par la potasse..... Un excès.

Même phénomène qu'avec l'oxide brun.

X V I I.

Oxide vert de chrôme obtenu en calcinant fortement le chromate de mercure .... Un excès.

Potassium .... Deux mesures M.

Température .... Un peu plus élevée que pour la fusion du *potassium*.

Produits .... Matière noirâtre qui, refroidie complétement et ensuite exposée à

l'air , s'enflamme subitement comme un
excellent pyrophore, et devient jaune. Cette
matière est., ou une combinaison de potasse et d'un oxide de chrôme au premier
degré , ou un mélange intime de potasse et
de chrôme réduit et très-divisé. Quoi qu'il
en soit, aussitôt qu'elle a le contact de l'air,
elle en absorbe l'oxigène et se transforme
en véritable chromate de potasse, qui se
dissout très-facilement dans l'eau.

XVIII.

*Oxide jaune de bismuth fait par la calci-
nation du bismuth avec le contact de l'air...*
Un excès.

Potassium. . . . Une mesure M.

Température. . . . Un peu plus élevée que
pour la fusion du *potassium.*

Produits. . . . Oxide de *potassium ;* bismuth ; lumière vive.

XIX.

*Oxide de tellure ; précipité du muriate de
tellure par l'ammoniaque.* . . . Un excès.

Potassium. . . . Une mesure M.

Température. . . . Un peu plus élevée que
pour la fusion du *potassium*.

Produits. . . . Oxide de *potassium*; tellure; lumière assez vive.

X X.

Oxide de titane précipité du nitrate par
l'ammoniaque. . . . Un excès.

Potassium. . . . Une mesure M.

Température. . . . Un peu plus élevée que
pour la fusion du *potassium*.

Produits. . . . Oxide de *potassium*; probablement du titane; lumière assez vive.

X X I.

Oxide d'urane, précipité du muriate par
la potasse. . . . Un excès.

Potassium. . . . Une mesure M.

Température. . . . 150° environ.

Produits. . . . Oxide de *potassium*; probablement de l'urane; lumière foible.

X X I I.

Oxide noir de manganèse naturel. . . .
Un excès.

Potassium. . . . Une mesure M.

Température. . . . Celle à laquelle le *po-*
tassium fond.

Produits . . . . Oxide de *potassium ;* probablement oxide de manganèse au minimum; lumière très-vive.

XXIII.

Oxide de manganèse au minimum ob-
tenu du sulfate de manganèse par la po-
tasse, lavé avec de l'eau distillée, et desséché
sans le contact de l'air. . . . Un excès.

Potassium. . . . Une mesure M.

Température. . . . Estimée 3oo à 35o°.

Produits. . . . Oxide de *potassium ;* probablement manganèse ; point de lumière.

On a jugé que l'oxide de manganèse étoit
réduit, parce que la matière étoit noirâtre;
qu'avec l'eau, elle ne faisoit point effervescence, et qu'elle en faisoit une assez vive
avec l'acide sulfurique étendu d'eau.

XXIV.

Oxide rouge de fer obtenu en calcinant le
fer avec le contact de l'air. . . . Un excès.

Potassium. . . . Une mesure M.

Température. . . . Estimée 150°.

Produits. . . . Oxide de *potassium;* oxide noir de fer, contenant un peu de fer au centre de la masse; lumière foible.

XXV.

Oxide noir de fer fait en calcinant un mélange à partie égale d'oxide rouge de fer et de limaille de fer. . . . Un excès.

Potassium. . . . Une mesure M.

Température. . . . Estimée environ 250° à 300°.

Produits. . . . Oxide de *potassium;* fer; lumière à peine visible.

Il est probable que l'oxide noir qu'on a employé contenoit un peu d'oxide rouge, et que c'est à cet oxide rouge qu'est dû le dégagement du peu de lumière qui a eu lieu. Il ne contenoit point de fer; car il se dissolvoit complétement dans l'acide sulfurique foible sans effervescence.

XXVI.

Oxide blanc de zinc obtenu en calcinant,

au rouge, du zinc avec le contact de l'air....
Un excès.

Potassium.... Une mesure M.

Température.... Estimée environ 200° à
300°.

Produits.... Oxide de *potassium ;* zinc
en petits globules ; point de lumière.

Ces petits globules de zinc étoient duc-
tiles, ne faisoient aucune effervescence avec
l'eau, et en faisoient une très-vive avec l'a-
cide sulfurique foible.

On n'a point essayé l'action du *potassium* sur les autres oxides métalliques ,
tels que les oxides de rhodium , de cerium,
d'osmium, etc. Mais il est certain qu'il ré-
duiroit aussi ces oxides, puisqu'il peut réduire ceux de zinc , de manganèse et de fer.
On peut conclure de là qu'il a la propriété
de réduire tous les oxides à une température suffisamment élevée.

199. Dans toutes les expériences précédentes, on a employé un excès d'oxide métallique , et c'est pourquoi tout le *potassium*
a toujours été converti en potasse. Il étoit
curieux de rechercher ce qui auroit lieu en

employant au contraire un excès de *potassium* : on l'a fait en recouvrant l'oxide métallique à éprouver, d'une certaine quantité du métal de ce même oxide, pour prévenir la combustion du *potassium* par l'air; tous les phénomènes ont été les mêmes que précédemment, excepté qu'au lieu d'obtenir à l'état de pureté le métal de l'oxide réduit, on l'a souvent obtenu allié au *potassium*. C'est surtout ce qui est arrivé constamment avec les métaux qui fondent à une foible température. On a aussi obtenu par ce moyen des alliages de *potassium* et de zinc, de *potassium* et de cuivre, de *potassium* et d'argent; et il n'est pas douteux qu'en opérant avec soin, on ne parvînt, à l'aide de cette méthode, à allier le *potassium* avec tous les métaux auxquels il est susceptible de s'unir.

DE L'ACTION DU SODIUM SUR LES OXIDES DE CARBONE, DE PHOSPHORE ET D'AZOTE.

200. Le *sodium* n'a aucune action sur le gaz oxide de carbone à la température ordinaire. Il le décompose à une tempéra-

ture presque rouge cerise. L'absorption du gaz est assez rapide, et a lieu sans dégagement de lumière.

Gaz oxide de carbone. 150 p. du tube gradué T.
Sodium............. Un excès.
Produits........... Soude et carbone.
Résidu gazeux....... 10 parties d'air encore inflammable, et brûlant en bleu ; l'excès de sodium s'est allié avec le mercure.

201. Les oxides rouge et blanc de phosphore semblent être sans action à froid sur le sodium. Ils sont au contraire décomposés par ce métal, aussitôt qu'il est fondu : il en résulte un dégagement très-sensible de lumière et du phosphure de sodium et de soude.

202. Le sodium n'attaque le gaz oxide nitreux, ni à froid, ni à chaud ; on a même poussé plusieurs fois la chaleur jusqu'au rouge cerise, et toujours le sodium après l'expérience étoit aussi brillant et le gaz oxide nitreux en aussi grande quantité qu'auparavant.

Le sodium ne se comporte point de même avec le gaz oxide d'azote. A la vérité, il ne paroît point avoir d'action sur ce gaz, à froid ;

mais aussitôt qu'il entre en fusion, il en résulte quelquefois une combustion si forte, que les cloches seroient brisées, si on opéroit seulement sur une mesure M de *sodium*, et sur cent cinquante à deux cents parties du tube gradué T de gaz oxide d'azote. Pour prévenir ces accidens, il faut prendre les précautions qui ont été indiquées (135).

On peut analyser le gaz oxide d'azote avec le *sodium* aussi bien qu'avec le *potasssium*, et on arrive aux mêmes résultats (135) (1).

Toutes les expériences précédentes doivent se faire comme leurs analogues avec le *potassium*.

DE L'ACTION DU SODIUM SUR LES OXIDES MÉTALLIQUES.

203. L'action du *sodium* sur les oxides métalliques, est absolument la même que celle du *potassium*; elle n'en diffère qu'en ce qu'il faut presque toujours employer un peu plus

---

(1) On doit faire ici la même observation qu'au sujet de l'action du gaz oxide d'azote sur le *potassium* : tantôt l'action du gaz oxide d'azote sur le *sodium* est extrêmement rapide, et tantôt elle est lente.

de chaleur pour la produire : du reste , elle s'exécute de la même manière , et donne lieu aux mêmes résultats. Quoiqu'on ait soumis autant d'oxides métalliques à l'action du *sodium* qu'à l'action du *potassium*, on ne rapportera les résultats que de quatorze à quinze expériences.

I.

Oxide d'argent précipité du nitrate d'argent par la potasse pure. . . . . Un excès.

Sodium. . . . Une mesure M.

Température employée. . . . A peu près celle à laquelle le *sodium fond.*

Produits. . . . Oxide de *sodium ;* argent en petits grains ; production de lumière très-vive.

II.

Oxide de platine précipité du muriate par l'ammoniaque. . . . Un excès.

Sodium. . . . Une mesure M.

Température employée. . . . . A peu près celle à laquelle le *sodium* fond.

Produits. . . . Oxide de *sodium ;* platine en poudre ; lumière très-vive.

III.

Oxide rouge de mercure obtenu en chauf-
fant le mercure avec le contact de l'air....
Un excès.

Sodium. . . . Une mesure M.

Température employée.... La même que
précédemment.

Produits.... Oxide de *sodium*; mercure
en vapeurs; lumière très-vive, et légère
détonation due à la vapeur mercurielle.

IV.

Oxide noir de mercure, extrait au moyen
de l'ammoniaque du muriate de mercure
récemment fait par précipitation.

Même phénomène qu'avec l'oxide de
mercure rouge.

V.

Oxide d'étain très-oxidé fait par la calci-
nation de l'étain avec le contact de l'air....
Un excès.

Sodium. . . . Une mesure M.

Température employée . . . Un peu plus
élevée que celle à laquelle le *sodium* fond.

Produits. . . . Oxide de *sodium;* étain, surtout au centre de la masse; lumière très-vive.

V I.

Oxide rouge de plomb, ou minium du commerce. . . . Un excès.

Sodium . . . Une mesure M.

Température employée.... Celle à laquelle le *sodium* fond.

Produits . . . . Oxide de *sodium;* oxide jaune de plomb présentant quelques parties de plomb au centre de la masse; lumière très-vive.

V I I.

Oxide jaune de plomb obtenu en calci-nant le minium. . . . Un excès.

Sodium. . . . Une mesure M.

Température . . . Un peu plus élevée que celle à laquelle le *sodium* fond.

Produits. . . . . Oxide de *sodium;* plomb réduit; lumière vive.

V I I I.

Oxide brun de cuivre, obtenu du sulfate de cuivre par la potasse. . . . Un excès.

Sodium.... Une mesure M.

Température ... Un peu plus élevée que celle à laquelle le *sodium* fond.

Produits. ... Oxide de *sodium*; cuivre, surtout au centre de la masse; lumière vive.

I X.

Oxide d'antimoine volatil ou obtenu en calcinant l'antimoine avec lé contact de l'air.... Un excès.

Sodium.... Une mesure M.

Température ... Un peu plus élevée que celle à laquelle le *sodium* fond.

Produits.... Oxide de *sodium*; antimoine; lumière vive.

X.

Oxide jaune de bismuth fait par la calcination du bismuth avec le contact de l'air. ... Un excès.

Sodium. ... Une mesure M.

Température ... Un peu plus élevée que pour la fusion du *sodium*.

Produits ... Oxide de *sodium*; bismuth; lumière vive.

XI.

Oxide de nickel précipité, du muriate pur de nickel, par la potasse.... Un excès.

Sodium.... Une mesure M.

Température... Un peu plus élevée que celle à laquelle le *sodium* fond.

Produits.... Oxide de *sodium*; nickel en poudre; lumière vive.

XII.

Oxide noir de cobalt obtenu en traitant le muriate de cobalt pur par la potasse, et en desséchant lentement le précipité dans une capsule de porcelaine.... Un excès.

Sodium.... Une mesure M.

Température.... Un peu plus élevée que celle à laquelle le *sodium* fond.

Produits..... Oxide de *sodium;* cobalt en poudre; lumière pas très-forte.

XIII.

Oxide vert de chróme, obtenu en calcinant fortement le chrómate de mercure.... Un excès.

I. 18

Sodium. . . . Deux mesures M.

Température employée. . . . Un peu plus élevée que pour la fusion du *sodium.*

Produits. . . Lumière foible; matière noirâtre qui, refroidie complétement, et ensuite exposée à l'air, s'enflamme subitement comme un pyrophore, et devient jaune. Cette matière noirâtre est, ou une combinaison de soude et d'un oxide de chrôme au premier degré, ou un mélange intime de soude et de chrôme réduit et très-divisé. Quoi qu'il en soit, aussitôt qu'elle a le contact de l'air, elle en absorbe l'oxigène et se transforme en veritable chrômate de soude, qu'on peut en extraire très-facilement par l'eau.

XIV.

Oxide noir de fer. . . . Un excès.

Sodium. . . . Deux mesures M.

Température... Bien plus élevée que pour fondre le *sodium.*

Produits. . . . . Lumière très-foible : fer métallique; car la matière ne faisoit point effervescence avec l'eau, et en faisoit une très-vive avec l'acide sulfurique.

OBSERVATIONS.

L'oxide de fer contenoit peut-être un peu d'oxide rouge de fer : ce qu'il y a de certain, c'est qu'il ne contenoit pas de fer métallique.

X V.

Oxide blanc de zinc sublimé.... Un excès.

Sodium.... Deux mesures M.

Température.... Beaucoup plus élevée que pour la fusion du *sodium.*

Produits..... Point de lumière : zinc métallique; car on distinguoit beaucoup de petits globules qui ne faisoient point effervescence avec l'eau, et qui en faisoient une très-vive avec l'acide sulfurique.

X V I.

Oxide de manganèse peu oxidé..... Un excès.

Sodium.... Deux mesures M.

Température.... Beaucoup plus élevée que pour la fusion du *sodium.*

Produits.... Point de lumière; matière noirâtre qui ne faisoit point effervescence avec l'eau, et qui en faisoit une extrêmement sensible avec l'acide sulfurique : par conséquent décomposition, et probablement réduction de l'oxide de manganèse.

Ainsi, il est démontré qu'à une température convenable, le *sodium* réduit tous les oxides métalliques, comme le *potassium*.

204. Si au lieu de mettre le *sodium* en contact avec un excès d'oxide métallique, on met au contraire les oxides métalliques en contact avec un excès de *sodium*, il en résulte des alliages de *sodium*. On pourroit même probablement allier, par ce moyen, le *sodium* avec tous les métaux auxquels il peut s'unir. Voyez ce qui a été dit à cet égard sur le *potassium* (198).

DISSERTATION SUR L'ACIDE BORACIQUE ET PARTICULIÈREMENT SUR SA DÉCOMPOSITION ET SA RECOMPOSITION.

Partie historique.

205. Plusieurs chimistes, et particulièrement MM. Fabroni, Crell et Davy, ont essayé avant nous de décomposer l'acide boracique. M. Fabroni a prétendu d'après quelques recherches qui lui sont propres,

que cet acide n'étoit autre chose qu'une mo-
dification de l'acide muriatique. (Voyez le
Système de Chimie de Fourcroy, article
Acide boracique.)

206. M. Crell, après avoir longuement
étudié son action sur l'acide muriatique
oxigéné, en a conclu que le charbon est
un de ses élémens. (35ème volume des *An-*
nales de Chimie, page 202.)

207. M. Davy en le soumettant en 1807
à l'action de la pile voltaïque, dit en avoir
obtenu des traces noires combustibles au pôle
négatif: « J'ai remarqué, dit-il, que dans
» l'électrisation de l'acide boracique hu-
» mecté, on voit paroître à la surface néga-
» tive une matière combustible de couleur
» foncée; mais les recherches sur les alcalis
» m'ont empêché de suivre ce fait, qui me
» semble cependant indiquer une décompo-
» sition. » (*Inst. royal* 1808 ; *Bibl. Bri-*
tanniq. tom. 39, Sciences et Arts, page 67.)

208. On n'avoit encore fait que ces divers
essais pour découvrir la nature de l'acide
boracique, lorsque nous avons fait connoître
à l'Institut le vingt-un juin mil huit cent
huit, l'action qu'il exerce sur le *potas-*

sium à une température un peu élevée, et dans des vases fermés ; action dont nous avons rendu compte dans les termes suivans : (Voyez le n° 10, du *Nouveau Bulletin de la Société Philomatique,* mois de juillet 1808.)

« Nous avons aussi examiné l'action du
» métal de la potasse sur l'acide boracique ;
» pour cela, nous avons mis quatre parties
» de métal, et cinq parties d'acide boracique
» bien pur et bien vitrifié, dans un petit
» tube de cuivre, auquel nous en avons
» adapté un de verre que nous avons engagé
» dans des flacons pleins de mercure. Nous
» avons porté le tube au rouge obscur, et
» il ne s'en est dégagé que de l'air atmo-
» sphérique. Au bout d'un quart-d'heure,
» nous l'avons retiré du feu, et nous l'avons
» ouvert. Tout le métal avoit complétement
» disparu, et s'étoit converti par sa réac-
» tion sur l'acide boracique, en une ma-
» tière grise-olivâtre. Cette matière ne fai-
» soit aucune effervescence, ni avec l'eau,
» ni avec les acides ; elle contenoit un grand
» excès d'alcali, du borate de potasse, et
» une certaine quantité d'un corps olivâtre

» insoluble dans l'eau , que nous n'avons
» point encore assez examiné pour en dire
» la nature. Quoiqu'il en soit, il est pro-
» bable que dans cette opération , l'acide
» boracique a été décomposé , puisque tout
» le métal a disparu et a été transformé en
» potasse , sans qu'il se soit dégagé de gaz ;
» que cet acide contient de l'oxigène , et
» que c'est l'oxigène de cet acide qui en se
» portant sur le métal , l'a changé en po-
» tasse ».

Ainsi nous avions réellement décomposé
dès le 21 juin l'acide boracique ; et cependant , nous n'en étions point entièrement
convaincus, parce que nous ne l'avions pas
recomposé.

209. Après le 21 juin M. Davy traita
aussi comme nous l'avions fait, et comme
nous venons de le dire, l'acide boracique
par le *potassium.*

Ses observations à cet égard ont été
communiquées le 30 juin 1808 à la Société
royale ; voici comme il s'exprime en les rapportant. (Voyez *Recherches électro-chimi-
ques sur la décomposition des terres ,* etc.
Trans. philos. pour 1808, page 343.)

« Lorsqu'on chauffe du *potassium* dans
» un tube d'or avec de l'acide boracique
» préparé à la manière ordinaire et qui a
» été rougi, il ne se dégage qu'une très-
» petite quantité de gaz, qui est un mélange
» d'hydrogène et d'azote, (ce dernier gaz pro-
» vient vraisemblablement de l'air commun
» du tube); il se forme du borate de po-
» tasse et une substance noire qui devient
» blanche par son exposition à l'air. . . . .
» . . . . Dans le cas où j'ai traité les
» acides fluorique et boracique par le *potas-*
» *sium*, il y a eu probablement décomposi-
» tion de ces corps; la substance noire prove-
» nant de l'acide boracique étoit semblable
» à celle que j'en avois obtenue par l'électri-
» cité. Les quantités sur lesquelles j'ai opé-
» ré, ont été encore trop petites pour me
» mettre en état de séparer et d'examiner
» les produits; et jusqu'à ce que cela soit fait,
» on ne peut tirer aucune conclusion ul-
» rieure. »

Ensuite, page 549 du même Mémoire,
ligne 7 de la note, M. Davy ajoute :

« L'acide boracique le plus pur que l'on
» puisse obtenir en décomposant le borax

» chimiquement, contient, d'après l'analyse
» électrique, de la soude et une certaine
» quantité de l'acide employé pour le sépa-
» rer de cet alcali. D'après cela, l'expé-
» rience sur l'action de l'acide boracique et
» du *potassium*, page 343, pourroit peut-être
» s'expliquer sans avoir recours à la décom-
» position de cet acide. »

210. Pendant plusieurs mois il ne parut
rien de nouveau sur la décomposition de
l'acide boracique. Enfin, le 14 du mois de
novembre 1808, nous lûmes à l'Institut une
série d'observations, d'où il résulte évidemment, que l'acide boracique est formé d'oxigène et d'un radical particulier, puisque
nous y prouvons qu'on peut le décomposer
et le recomposer à volonté, en isoler le radical, et étudier toutes les propriétés de ce
radical. (Voyez le *Moniteur*, pour le 15 et
le 16 novembre 1808.)

211. Depuis cette époque, nous avons
eu plusieurs fois occasion de répéter nos
expériences à ce sujet, et nous avons vu
avec un grand plaisir que c'étoit aussi ce
qu'avoient fait plusieurs chimistes, et particulièrement M. Davy. (Le Mémoire de

M. Davy, relatif à ces expériences, n'a été lu que le 23 décembre 1808 à la Société royale, ainsi qu'on le voit par l'extrait que nous donnons des séances de cette Société. Voyez la note qui est à la suite du n° 323.) Nous citerons encore ses propres expressions, *Trans. Phil.* 1809, p. 37 de son Mémoire.

« Dans une des précédentes lectures ba-
» keriennes, j'ai rapporté une expérience
» dans laquelle l'acide boracique soumis à
» l'électricité voltaïque offroit du côté né-
» gatif, une substance inflammable d'une
» couleur obscure, et paroissoit être dé-
» composé (207).

» Dans le cours du printemps et de l'été,
» je fis plusieurs essais pour rassembler une
» certaine quantité de cette substance, et
» la soumettre à un scrupuleux examen.
» Lorsque l'acide boracique, humecté avec
» de l'eau, étoit exposé entre deux surfaces
» de platine recevant toute l'action d'une
» batterie de cinq cents paires, il commen-
» çoit aussitôt à se former sur la surface né-
» gative une matière brune-olive qui aug-
» mentoit graduellement en épaisseur et qui
» enfin paroissoit presque noire. Elle étoit

» permanente dans l'eau; mais soluble avec
» effervescence dans l'acide nitreux chaud.
» Lorsqu'on la chauffoit au rouge sur du
» platine, elle brûloit lentement en don-
» nant des fumées blanches, qui rougis-
» soient légèrement le papier de tournesol
» humecté, et elle laissoit une masse noire,
» qui, lorsqu'elle étoit examinée au micros-
» cope, paroissoit vitreuse à la surface, et
» contenoit évidemment un acide fixe.

   » Ces expériences sembloient montrer
» clairement la décomposition et la recom-
» position de l'acide boracique; mais comme
» la substance combustible particulière
» étoit un non-conducteur de l'électricité,
» je ne pus jamais l'obtenir qu'en mem-
» branes (*films*) très-minces sur le platine.
» Il n'étoit point possible d'examiner avec
» soin ses propriétés, et de déterminer sa
» nature précise, ou de savoir si elle étoit la
» base pure de l'acide boracique; j'essayai
» conséquemment d'autres méthodes de dé-
» compositions, et je recherchai d'autres
» preuves moins équivoques de cet impor-
» tant résultat.

   » J'ai déjà fait à la Société le récit d'une

» expérience (1) (*Phil. Trans.* part. 1808,
» p. 343) dans laquelle l'acide boracique,
» chauffé en contact avec le *potassium* dans
» un tube d'or, étoit converti en borate de
» potasse, en même temps qu'il se formoit
» une matière d'une couleur obscure, sem-
» blable à celle produite par l'électricité.
» Environ deux mois après que j'eus fait
» cette expérience, savoir, au commence-
» ment du mois d'août, dans le temps que
» je répétois le procédé, et que j'examinois
» soigneusement les résultats, je fus infor-
» mé par une lettre de M. Cadell de Paris,
» que M. Thénard étoit occupé de décom-
» poser l'acide boracique par le *potassium*;
» qu'il avoit chauffé ces deux substances
» ensemble dans un tube de cuivre, et qu'il
» avoit obtenu du borate de potasse et une
» matière particulière, sur la nature de la-
» quelle on ne me donnoit aucun détail ».

212. Depuis le 23 décembre 1808, M. Davy
ne paroît point avoir fait de nouvelles expériences sur l'acide boracique; mais il a im-

---

(1) Cette expérience est du 30 juin, nous l'avons
citée précédemment (209).

primé, au sujet de la décomposition de cet acide, une note que nous devons transcrire ici, (*Trans. Phil.* de 1810, page 18 de son Mémoire, *On som new Researches*, etc.

« Lorsqu'en octobre 1807, j'obtins une
» substance combustible d'une couleur
» obscure, en soumettant l'acide boracique
» ou pôle négatif du circuit voltaïque (307),
» je conclus que l'acide étoit probablement
» décomposé, suivant la loi commune des
» décompositions électriques. En mars 1808,
» je fis de nouvelles expériences sur cette
» substance; je m'assurai qu'elle produisoit
» une matière acide par la combustion, et
» j'annonçai la décomposition de l'acide bo-
» racique, dans une séance publique tenue
» le 12 mars à l'Institution royale. Bientôt
» après (c'est le 30 juin) je chauffai une
» petite quantité de *potassium* en contact
» avec de l'acide boracique sec; il ne se dé-
» gagea point d'eau dans l'opération, et j'ob-
» tins la même substance que je m'étois pro-
» curée par l'électricité. MM. Gay-Lussac
» et Thénard ont opéré de même sur l'acide
» boracique par le *potassium*, et ils con-
» cluent qu'ils l'ont décomposé; mais cela

» ne suit point de leur théorie, à moins
» qu'ils ne prouvent qu'il se dégage de l'eau
» dans l'opération, ou qu'elle reste combi-
» née avec le borate de potasse. La conclu-
» sion légitime à tirer de leur expérience,
» d'après cette théorie, étoit, qu'ils avoient
» fait un hydrure d'acide boracique (1) ».

213. Malgré cette note, on voit clairement que nous avons une antériorité de
trente-huit jours sur M. Davy pour la décomposition et recomposition de l'acide boracique, et qu'à cet égard, il n'a fait absolu-

---

(1) Nous avons démontré que le bore ne pouvoit
point être un hydrure. En effet, si le bore étoit un hydrure d'acide boracique, ou bien une combinaison
d'hydrogène et d'acide boracique, 100 parties de bore
contiendroient assez d'hydrogène pour former en brûlant près de 57 parties d'eau, puisque ces 100 parties de
bore sont susceptibles d'absorber 50 parties d'oxigène.
Mais il ne se forme point d'eau dans la combustion du
bore; donc, soit qu'on regarde le *potassium* comme
un hydrure, soit qu'on le regarde comme un corps
simple, on doit conclure d'après cela, que l'acide boracique est décomposé par le *potassium*, et c'est ce qui
a été fait (dans le numéro du *Mercure* pour le 24 décembre 1808, article *Variétés*.) Si le *potassium* étoit
un hydrure, l'eau formée dans la décomposition de
l'acide boracique, seroit retenue par le borate avec excès d'alcali qui résulte de cette décomposition.

ment que répéter nos expériences. En effet,
on ne peut tirer aucune conséquence de l'observation que M. Davy a faite en 1807, savoir qu'en électrisant l'acide boracique avec
une pile, **on** obtient des traces noires combustibles au pôle négatif (207). Ces traces sont
à peine apparentes ; elles se perdent absolument dans l'eau dont on se sert pour les laver, et ne peuvent être soumises à aucune
expérience ; rien ne peut donc démontrer
qu'elles sont de nature combustible, et l'on
peut même en obtenir de semblables en apparence, en soumettant nombre de corps,
et surtout le muriate de chaux, à l'action de
la pile. Cependant M. Davy dit qu'en mars
1808, ayant fait de nouvelles expériences
sur cette substance, il s'assura qu'elle produisoit une matière acide par la combustion,
et qu'il annonça la décomposition de l'acide
boracique dans une séance publique tenue
le 12 mars à l'Institution royale (212) ; mais
M. Davy n'a point imprimé ces nouvelles
expériences : et d'ailleurs, il en a lu le 30 juin
à la Société royale, qui démontrent qu'il re-
gardoit toutes celles qu'il avoit faites à cette
époque sur l'acide boracique, comme ne

prouvant nullement la nature de cet acide (209). Qu'il nous soit permis de les citer de nouveau.

« Lorsqu'on chauffe du *potassium* dans
» un tube d'or avec de l'acide boracique
» préparé à la manière ordinaire et qui a
» été rougi, il ne se dégage qu'une très-pe-
» tite quantité de gaz qui est un mélange
» d'hydrogène et d'azote, (ce dernier gaz
» provient vraisemblablement de l'air com-
» mun du tube); il se forme du borate de
» potasse et une substance noire qui devient
» blanche par son exposition à l'air. . . . .
» . . . . Dans le cas
» où j'ai traité les acides fluorique et bora-
» cique, il y a eu probablement décompo-
» sition de ces corps; la substance noire pro-
» venant de l'acide boracique étoit sembla-
» ble à celle que j'en avois obtenue par l'é-
» lectricité. Les quantités sur lesquelles j'ai
» opéré, ont été encore trop petites pour
» me mettre en état de séparer et d'exami-
» ner les produits; et jusqu'à ce que cela
» soit fait, on ne peut tirer aucune conclu-
» sion ultérieure ».

Ensuite pag. 17 du même Mémoire, lig. 7

de la note, il ajoute : « l'acide boracique le
» plus pur que l'on puisse obtenir en dé-
» composant le borax chimiquement, con-
» tient d'après l'analyse électrique, de la
» soude et une certaine quantité de l'acide
» employé pour le séparer de cet alcali.
» D'après cela, l'expérience sur l'action de
» l'acide boracique et du *potassium*, page
» 343, pourroit peut-être s'expliquer sans
» avoir recours à la décomposition de cet
» acide ».

214. On voit donc que M. Davy dit lui-
même qu'au 30 juin 1808, il n'avoit point
encore pu se procurer de substance noire,
en assez grande quantité pour pouvoir la
séparer des matières avec lesquelles elle
étoit mêlée et pour l'examiner ; et que jusqu'à ce que cela soit fait, on ne peut tirer
aucune conséquence de la production de
cette substance.

On voit de plus qu'il reconnoît que
l'acide boracique sur lequel il a opéré, contenoit toujours de la soude et une certaine
quantité de l'acide dont il s'étoit servi pour
décomposer le borax ; et que, d'après cela,
la transformation du *potassium* en potasse

I.   19

par l'acide boracique, etc. et celle de l'a-
cide boracique en substance noire par le
potassium, pourroient peut-être s'expliquer
sans avoir recours à la décomposition de
cet acide.

Cette observation est très-juste ; car
bien sûrement l'acide sulfurique (1) que
retiendroit l'acide boracique dans ce cas,
seroit décomposé plutôt que l'acide boracique par le *potassium,* et donneroit naissance à un sulfure de couleur foncée représentant la substance noire.

Mais s'il est possible d'expliquer par ce
moyen la transformation du *potassium* en
potasse et la production de la substance
noire, à plus forte raison peut-on expliquer
aussi de cette manière la production de cette
substance dans l'électrisation de l'acide boracique. En effet, dans cette circonstance,
le soufre et la soude doivent se réunir au

---

(1) L'acide dont M. Davy s'étoit servi pour extraire
l'acide boracique du borax, étoit en effet de l'acide sulfurique ; car il dit : « Lorsqu'on chauffe du *potassium*
» dans un tube d'or, avec de l'acide boracique préparé
» à la manière ordinaire, etc. (209) ».

pôle négatif, et former une substance de couleur foncée.

215. D'après toutes ces observations, il est évident : 1°. qu'au 30 juin 1808, M. Davy n'avoit fait aucune expérience qui prouvât la nature de l'acide boracique; et que toutes celles qu'il avoit tentées à cet égard, pouvoient très-bien s'expliquer, ainsi qu'il en convient, sans supposer la décomposition de cet acide, et en ayant égard seulement aux matières étrangères mêlées avec celui sur lequel il opéroit (209).

2°. Que nous avons réellement décomposé l'acide boracique le 21 juin 1808; et que cependant nous n'avons point regardé cette décomposition comme certaine, parce que nous n'avions point recomposé cet acide (208).

3°. Que nous avons réellement découvert le 14 novembre 1808, les élémens de l'acide boracique; puisqu'alors nous avons pu en isoler le radical et en étudier les propriétés, décomposer et recomposer à volonté cet acide (210).

4°. Que M. Davy n'a fait que répéter nos expériences à cet égard; et que même, il s'est écoulé trente-huit jours entre l'époque à laquelle nous les avons publiées dans le Moniteur, et l'époque à laquelle il les a lues à la Société royale (1).

De la préparation de l'acide boracique pur.

216. L'acide boracique qu'on a extrait en précipitant une dissolution de borax par l'acide sulfurique, retient une grande quantité de cet acide. On ne parvient pas à le lui enlever entièrement par l'eau froide, et on n'y parvient que très-difficilement par un grand nombre de cristallisations. L'un des plus sûrs moyens pour l'en séparer, est de le tenir en fusion pendant quinze à vingt minutes dans un creuset de Hesse (2). Mais comme il n'est pas bien certain qu'ainsi préparé il ne contienne pas un peu de terre

---

(1) Nos expériences sur la décomposition et recomposition de l'acide boracique ont été publiées dans le *Moniteur* le 15 et le 16 novembre 1808. Celles de M. Davy n'ont été lues à la Société royale que le 23 décembre suivant (210).

(2) Il faut bien se garder de fondre l'acide boracique dans le platine lorsqu'il contient de l'acide sulfurique; car ce métal seroit troué très-promptement.

siliceuse, il vaut encore mieux, pour qu'on ne puisse point en soupçonner la pureté; l'extraire du borax par l'acide muriatique, et le fondre dans un creuset de platine(1). L'acide boracique pur, obtenu par l'un ou l'autre des moyens que nous venons d'indiquer, est très-soluble dans l'eau chaude, beaucoup moins soluble dans l'eau froide(2), et cristallise en paillettes très–petites; au lieu qu'il cristallise en lames très-larges, et semblables à des écailles de poisson, lorsqu'il contient de l'acide sulfurique.

De la décomposition de l'acide boracique par le potassium, et des produits qui en résultent.

217. Pour décomposer l'acide boracique par le *potassium*, après l'avoir purifié et fondu comme il vient d'être dit (216), on

---

(1) Il paroît que l'acide boracique qui a été fondu dans un creuset de Hesse contient toujours un peu de silice, même après avoir été dissous dans l'eau.

(2) Cependant si on met un peu d'eau froide sur l'acide boracique fondu, bientôt il l'absorbe, produit de la chaleur, s'y ramollit et même s'y dissout.

en pulvérise une certaine quantité dans un mortier bien sec d'agathe ou de laiton ; d'une autre part, on pèse à peu près autant de *potassium* que d'acide, et on enlève le mieux possible , avec du papier joseph , l'huile qui en recouvre la surface. Alors on met alternativement une partie de cet acide, et une partie de *potassium* (1) dans un tube droit de cuivre ou de verre luté, auquel on en adapte un tout petit de verre recourbé et propre à recueillir les gaz ; ensuite on place dans un petit fourneau le tube droit qui contient la matière, on l'incline et on engage l'extrémité de celui qui est recourbé sous un flacon plein de mercure. L'appareil étant ainsi disposé, on chauffe peu à peu l'extrémité inférieure de ce tube droit , jusqu'à la faire rougir obscurément ; on la conserve dans cet état pendant quelques minutes ; au bout de ce temps, l'opération est complétement terminée et on retire le feu.

Voici les phénomènes qui accompagnent cette opération.

Lorsque la température est à environ

─────────────

(1) On coupe le *potassium* avec un couteau.

cent cinquante degrés, tout à coup le mélange rougit fortement, et il se produit tant de chaleur que l'air des vaisseaux est repoussé avec force. Depuis le commencement jusqu'à la fin de l'expérience, il ne se dégage que de l'air atmosphérique et quelques bulles de gaz inflammable qui ne répondent pas à la trentième partie de ce que le *potassium* employé en dégageroit avec l'eau. Tout le *potassium*, et une partie seulement de l'acide boracique disparoissent constamment, et sont convertis par leur réaction réciproque, en une matière grise-olivâtre qui jouit des propriétés suivantes : Cette matière a tout à fait l'aspect terreux, et ne présente aucun point brillant; elle est fortement alcaline ; mise avec l'eau, elle ne fait point effervescence ou à peine; elle s'y divise, et s'y dissout en grande partie. La portion qui s'y dissout est de la potasse caustique et du borate de potasse; la portion qui ne s'y dissout point est une substance grise-verdâtre, floconneuse, et n'est autre chose, comme on va le voir, que le radical de l'acide boracique. Il y a donc de l'acide boracique décomposé dans cette expérience;

son radical est mis en liberté, et son oxigène se combinant avec le *potassium*, reproduit de la potasse qui est en partie saturée par l'excès d'acide boracique. Nous
désignerons par la suite ce radical sous le
nom de *bore*, qui est tiré de celui du borax,
et nous désignerons l'acide boracique sous
celui d'*acide borique* pour nous conformer
aux principes des nomenclateurs. Ainsi nous
aurons les trois expressions, *bore, borique,
borate*, entièrement analogues aux trois autres, carbone, carbonique, carbonate.

218. Lorsqu'on veut seulement se procurer une certaine quantité de bore, on
peut se dispenser de faire plonger le tube
recourbé dans le mercure (217); cependant il
faut toujours l'adapter au tube droit de cuivre ou de verre, afin que l'air ne puisse pas
se renouveler dans celui-ci. On peut opérer sur 15 à 20 grammes de *potassium* à la
la fois. Si le tube droit est de cuivre, il faut
avoir soin de bien le nettoyer avant de s'en
servir, et de n'en retirer la matière qu'avec
de l'eau, et jamais avec un tube de fer:
autrement il s'en sépareroit quelques parcelles d'oxide de cuivre, ou même de cuivre

métallique. Si le tube est de verre, on le casse, et la matière s'en détache presque d'elle-même. Dans les deux cas, on la pulvérise, on la fait bouillir avec de l'eau pendant quelques minutes pour dissoudre la potasse et le borate de potasse qu'elle contient; au bout de ce temps, on verse le tout dans un flacon long et étroit, et on sursature l'excès de potasse par l'acide muriatique : le bore se dépose en quelques heures. On décante la liqueur avec un siphon; elle est sans couleur. On verse de nouvelle eau dans le flacon, on la décante de nouveau; elle est comme la première sans couleur; et ainsi de suite, jusqu'à ce que l'eau n'altère plus la teinture de tournesol. Alors on met le bore et le peu d'eau qui surnage, dans une capsule; on le dessèche à un feu doux et on le conserve dans un flacon bouché (1).

_____

(1) Lorsqu'on ne sature point l'excès de potasse par un acide, il paroît que cette base réagit sur le bore et en dissout une partie: ce qui le prouve, ce sont les phénomènes que le bore offre lui-même. D'abord, dans le premier lavage, il apparoît sous la forme de flocons verdâtres, se dépose en moins d'un quart-d'heure, et ne colore que très-peu la liqueur; mais dans le second et surtout dans le troisième, il se divise, se fonce en

Des propriétés du bore.

219. Le bore est brun-verdâtre, solide, insipide, et sans action sur la teinture de tournesol et sur le sirop de violettes. Il ne se fond , ni ne se volatilise à un très-haut degré de chaleur ; il est tout à fait insoluble dans l'eau, dans l'alcool, dans l'éther et dans les huiles , soit à froid, soit à chaud ; il ne décompose pas l'eau à $80°$ environ : du moins après avoir rempli un petit flacon d'eau et de bore, et y avoir adapté un tube

---

couleur, ne se dépose qu'en vingt-quatre heures, et colore bien plus fortement la liqueur que dans le premier. Il en est à peu près de même dans les quatrième, cinquième et sixième , excepté qu'il colore de moins en moins la liqueur.

Tant que les liqueurs sont colorées , elles sont alcalines; et si , après les avoir rapprochées, on y verse un acide, on en précipite du bore ; donc , etc.

Le grand nombre de lavages qu'on est obligé de faire pour enlever toute la potasse , prouvent encore que le bore empêche cet alcali de se dissoudre facilement dans l'eau. C'est une raison de plus pour faire usage de l'acide muriatique ; et même on doit observer que, quand on n'en met pas un assez grand excès, on n'enlève pas tout l'alcali au bore; de sorte que les eaux de lavage sont sensiblement colorées.

recourbé, on l'a plongé dans l'eau bouillante pendant une demi-heure sans qu'il s'en dégageât sensiblement de gaz hydrogène. Il est probable qu'au rouge cerise il en opéreroit la décomposition. Il n'a aucune action sur l'oxigène à la température ordinaire; il en a au contraire une très-grande sur ce gaz à une température élevée.

Si on place un creuset rouge obscur sur le mercure, au moyen d'un fromage de terre, et si, après y avoir projeté trois décigrammes de bore, on le recouvre d'une cloche d'environ un litre de capacité, et pleine d'oxigène, il se fait une combustion des plus instantanées, et le mercure remonte avec tant de rapidité qu'il soulève la cloche avec force. Néanmoins il s'en faut de beaucoup que dans cette expérience la combustion du bore soit complétement opérée; ce qui s'y oppose, ce sont les parties extérieures de ce corps qui, passant à l'état d'acide borique, se fondent, et privent par ce moyen les parties intérieures du contact de l'oxigène: aussi restent-elles noires, et est-il nécessaire, pour les brûler complétement, de les laver et de les mettre de nouveau en contact avec du gaz oxigène à la chaleur rouge cerise ; mais alors elles brûlent avec moins de force, et absorbent moins d'oxigène que la première fois, parce qu'elles sont beaucoup moins divisées et peut-être aussi parce qu'elles sont oxidées. Du reste, les mêmes phénomènes se représentent : les parties extérieures passant à l'état d'acide borique qui se fond, empêchent la combustion des parties intérieures ; de sorte que pour les convertir toutes en acide borique, il faut les soumettre à un grand nombre de combustions successives et à autant de lavages.

220. Dans toutes ces combustions, il y a toujours fixation d'oxigène, et augmentation très-remarquable de poids sans dégagement de gaz ou de vapeur ; et dans toutes, il se forme des produits assez acides pour qu'en traitant ces produits par l'eau bouillante, on obtienne, par une évaporation convenable, et par le refroidissement, de l'acide borique cristallisé.

Au lieu de faire la combustion du bore, comme il vient d'être dit, on peut, pour être plus certain de l'absorption de l'oxigène, faire cette combustion sur le mercure, dans une petite cloche recourbée A, pl. 5, fig. 2. On la remplit de ce gaz; on la renverse en mettant le pouce sur son orifice; on y jette un petit tube de verre contenant environ un décigramme de bore; on agite, et bientôt le bore sort de ce tube. Alors, après avoir remis la cloche dans sa première position, on chauffe avec une lampe à esprit-de-vin; et quelques instans après l'on voit ce corps s'enflammer vivement, absorber beaucoup d'oxigène, se vitrifier à la surface, se brûler en partie, devenir acide, et offrir tous les phénomènes dont on a parlé précédemment. On voit en même temps qu'il ne se volatilise aucun liquide, et qu'il ne se dégage point de gaz; c'est ce dont on s'est assuré, surtout en opérant sur une quantité déterminée de bore et d'oxigène, et en portant le bore dans la cloche A, à travers le mercure. De cette manière, il ne s'étoit point introduit d'air dedans, et par conséquent après l'expérience elle ne devoit contenir, et elle ne contenoit en effet que de l'oxigène.

221. Le bore n'altère point à froid l'air

atmosphérique, et il le décompose sur-le-champ à la chaleur rouge cerise; mais la combustion qui en résulte est bien moins vive que dans l'oxigène. Du reste, on observe de part et d'autre les mêmes phénomènes. Ainsi, le bore se prend en masse noire formée d'acide borique et de bore, se vitrifie à la surface, augmente de poids, et ne se brûle complétement qu'au moyen d'un grand nombre de combustions et d'autant de lavages successifs. Cette opération se fait très-bien dans un creuset d'argent qu'on porte au rouge dans un petit fourneau, et qu'on en retire à chaque fois pour y jeter le bore.

222. On n'a point essayé, avec beaucoup de soin, l'action du bore sur l'hydrogène, le carbone, le phosphore et le soufre; mais on est persuadé que s'il se combine avec ces corps, ce n'est que difficilement.

223. Le bore décompose facilement l'acide sulfurique concentré à l'aide de la chaleur, et on ne doute point qu'il ne puisse également décomposer le gaz acide sulfureux par ce moyen.

224. Il agit avec une grande énergie sur

les acides nitrique et nitreux; il les décompose même à froid pour peu qu'ils soient concentrés. Dans l'un et l'autre cas, il disparoît et passe à l'état d'acide borique, en dégageant une grande quantité de gaz oxide nitreux, et peut-être du gaz oxide d'azote et de l'azote.

225. Le gaz acide muriatique oxigéné, bien sec, n'a aucune action à froid sur le bore, et n'en peut avoir à une température quelconque sur ce corps bien sec, qu'autant qu'il auroit la propriété de se combiner tout entier avec lui, comme avec le soufre et le phosphore.

226. On n'a point mis en contact le bore avec les acides phosphorique et phosphoreux, ni avec les gaz acides carbonique, fluorique et muriatique. On a des raisons pour croire qu'il décomposeroit à une haute température les trois premiers, et qu'il n'auroit pas d'action sur les deux derniers.

227. Quoique, dans la décomposition de l'acide borique par le *potassium*, la potasse s'unisse avec le bore, et qu'elle en dissolve assez pour colorer fortement les eaux de lavage, elle ne paroît point avoir d'action

sur ce corps pur ou séparé de tout autre ;
du moins, lorsqu'elle est en liqueur, et à
la température d'environ 80°, elle n'en
dissout point, et ne détermine ni dégagement d'hydrogène ni formation de borate.
Placées dans les mêmes circonstances, toutes
les autres bases salifiables se comporte-
roient probablement de la même manière.
Si on faisoit agir ces corps les uns sur les
autres à l'état solide, et à une très-haute
température, on les combineroit peut-être.

228. Le bore enlève facilement l'oxigène
à la plupart des sels qui en contiennent.
Calciné sans le contact de l'air avec le sulfate ou sulfite de soude, il donne lieu à du
borate de soude et à un dégagement de
soufre. Mêlé avec son poids de nitrate ou de
nitrite de potasse, et projeté dans un creuset rouge, il en résulte une très-vive combustion, un dégagement de gaz, du borate
de potasse qui est très-soluble dans l'eau, et
dont on peut très-facilement précipiter
l'acide borique par du muriate de chaux ou
de barite, ou même par un autre acide, si
toutefois la dissolution est suffisamment
concentrée. Mêlé avec son poids de muriate

suroxigéné de potasse , et projeté , comme
précédemment, dans un creuset rouge, il
y a également vive combustion ; et on obtient du borate de potasse, du muriate de
potasse , de l'acide muriatique oxigéné , et
quelquefois aussi un peu d'acide borique
libre.

229. Le bore, à une haute température,
décompose le carbonate de soude : du charbon est mis à nu ; il se dégage un gaz qui
est sans doute du gaz oxide de carbone, et
il se forme un borate de soude.

23o. Les muriates ni les fluates ne semblent point être attaqués par le bore : on
croit, au contraire, que la plupart des phos-
phates sont susceptibles d'être décomposés
par ce corps.

231. Le bore exerce une action très-sensible, à chaud, sur la plupart des oxides
métalliques : il les réduit pour la plupart, et
forme , avec un grand nombre d'entre eux,
des borates; si toutefois il y a assez d'oxide
métallique pour cela.

232. Après avoir ainsi décomposé et recomposé l'acide borique, il étoit naturel de
chercher à le décomposer par d'autres corps

que le *potassium* et le *sodium*. Le corps qui promettoit le plus de succès étoit le charbon : on en a mêlé à cet effet avec de l'acide borique bien pulvérisé dans un creuset de Hesse, et on a soumis le mélange pendant une demi-heure à un très-violent feu de forge ; au bout de ce temps on l'a retiré du creuset, et on l'a lavé à chaud. En supposant qu'il y eût eu de l'acide décomposé, on auroit dû trouver du bore dans le résidu ; mais, soit qu'on ait incinéré ce charbon, soit qu'on l'ait traité par l'acide nitrique, on n'a jamais pu en découvrir de traces.

On a aussi calciné de l'acide borique avec quelques matières végétales, dans l'espérance de le décomposer ; on a obtenu les mêmes résultats qu'avec le charbon.

233. Cependant en exposant à un grand feu de forge des mélanges d'acide borique, de charbon et de fer, ou de platine, M. Descotils a obtenu des culots qui, traités par l'acide muriatique, ont donné des quantités très-sensibles d'acide borique. Comme M. Descotils a fait cette expérience à une époque où on ne connoissoit point encore la nature de l'acide borique, il a regardé

ces culots comme des combinaisons d'acide borique et de fer, ou de platine; mais il est évident que ce sont des borures.

Détermination de la quantité d'oxigène et de bore, contenue dans l'acide borique.

234. Il est évident qu'on ne peut employer que la synthèse pour déterminer la quantité de bore et d'oxigène que contient l'acide borique; car l'analyse jetteroit à cet égard dans des erreurs inévitables. L'un des moyens qui paroissoit devoir réussir, consistoit à brûler une quantité donnée de bore, au moyen de l'air, et à peser l'acide borique qui en proviendroit; mais on y a renoncé, parce qu'étant obligé de faire, ainsi qu'on l'a dit (219), un grand nombre de combustions et de lavages, on perd une portion de ce corps et une partie d'acide borique.

On arrive à des résultats beaucoup plus exacts en brûlant le bore par l'acide nitrique; aussi, a-t-on préféré ce moyen au premier. On a pesé, avec beaucoup de soin, une petite cloche sèche. On y a mis du bore et on l'a pesée de nouveau : il s'en est trouvé cinq décigrammes. Ensuite on y a

versé peu à peu de l'acide nitrique. Bientôt
une effervescence assez vive a eu lieu, même
à froid. On l'a modérée en étendant l'acide
d'un peu d'eau ; puis on l'a ranimée par la
chaleur. De cette manière, tout le bore a
été changé en acide borique en peu de temps:
alors on a évaporé doucement la liqueur à
siccité ; on a calciné le résidu presqu'au
rouge ; on a laissé refroidir la cloche, et on
l'a pesée de nouveau. Le poids en était augmenté d'environ deux décigrammes et demi:
donc l'acide borique contient le tiers de son
poids d'oxigène. Nous n'avons fait cette expérience qu'une fois : ainsi cette analyse
peut ne pas être très-exacte.

DE L'ACTION DU POTASSIUM SUR LES ACIDES MINÉRAUX NON MÉTALLIQUES ET MÉTALLIQUES.

235. Le *potassium* n'a point d'action bien
sensible sur le gaz acide carbonique à la
température ordinaire ; il en opère complétement la décomposition à une chaleur
presque rouge-cerise. L'expérience doit être
faite sur le mercure, dans une petite cloche
légèrement recourbée A, pl. 5, fig. 2. On

chauffe la cloche avec une lampe à esprit-
de-vin, et on remue le *potassium* avec une
tige de fer. A une certaine époque, on voit
le *potassium* devenir bleu : ce signe annonce
qu'il ne tardera point à brûler comme un pyrophore. Dans cette combustion, le gaz est
absorbé rapidement et presque tout entier,
s'il y a excès de *potassium*. Il en résulte
constamment une précipitation abondante
de charbon, de la potasse caustique et un
peu de carbonate de potasse.

*Gaz acide carbonique sec, 200 parties du
tube gradué T.*

Potassium. . . . Un excès.

Résidu gazeux. . . . 12 parties qui brûloient comme du gaz oxide de carbone.

Produit solide. . . . Potasse; carbonate de
potasse; charbon; alliage de l'excès du *potassium* avec le mercure.

236. Le *potassium* agit très-lentement à
froid sur le gaz acide sulfureux; il le décompose très-promptement à une chaleur de
150 à 200°. On fait cette expérience comme
la précédente. Un peu après sa fusion, le
potassium devient bleu et s'enflamme; pres-

que tout le gaz acide sulfureux est absorbé.

Gaz acide sulfureux. .... 180 *parties.*

Potassium. .... Un excès.

Résidu gazeux, après la combustion. .....
6 parties qui sentoient encore l'acide sulfureux.

Produit solide. .... Sulfure de potasse;
alliage de l'excès du *potassium* avec le mercure.

237. Le *potassium* s'enflamme à la température ordinaire dans le gaz acide nitreux,
et s'y détruit complétement; le gaz acide nitreux dont on s'est servi, avoit été retiré par
la distillation de l'acide nitreux , liquide et
rutilant , et avoit été reçu dans un flacon,
en le faisant arriver jusqu'au fond de ce
flacon pour en chasser plus sûrement l'air.
On a fait l'expérience, en adaptant à un
bouchon un fil de cuivre recourbé à l'une de
ses extrémités , et terminé, à cette extrémité
par une petite cuiller : on a mis le *potassium*
dans cette cuiller ; on l'a plongé dans le
flacon plein de gaz acide nitreux , et on l'a
remué avec une tige de fer pour le passage
de laquelle on avoit ménagé une ouverture
entre le goulot du flacon et le bouchon.

Aussitôt que le contact du gaz et du *potassium* a eu lieu, celui-ci s'est couvert d'une croûte blanche, et ensuite a brûlé avec une flamme rouge.

238. Le *potassium* présente avec le gaz acide muriatique oxigéné les mêmes phénomènes qu'avec le gaz acide nitreux. On fait l'expérience de la même manière; il en résulte une flamme rougeâtre, et il y a formation de muriate de potasse. Il faut opérer, soit avec le gaz acide nitreux, soit avec le gaz acide muriatique oxigéné, au moins sur deux ou trois mesures M de *potassium*, et agiter le plus possible. Autrement, le métal se détruiroit sans s'enflammer.

239. Le *potassium* agit fortement sur l'acide muriatique à la température ordinaire, et bien plus fortement encore à une température élevée. Dans le dernier cas, il y a dégagement d'une foible lumière, formation de muriate de potasse, et dégagement de gaz hydrogène; dans le premier, il y a seulement formation de muriate de potasse à la surface, et dégagement de gaz hydrogène. On fait l'expérience sur le mercure dans une cloche recourbée A, pl. 5, fig. 2.

EXPÉRIENCES.	POTASSIUM EMPLOYÉ.	GAZ ACIDE MURIAT. EMPLOYÉ.	PRODUITS GAZEUX.	PRODUITS SOLIDES.	OBSERVATIONS.
			hydrog. ac. mur.		
Première..	une mes. M.	300 P.	79P..142P.	muriate de potasse.	1. La tempér. étoit de 15°, et la pression de 0m,75.
Deuxième..	idem	350	78,5..193	idem	
Troisième..	idem	325	79...167	idem	
Quatrième.	idem	306	79...148	idem	
Cinquième.	deux mes. M.	400	158....85	idem	2. Les gaz ont été mesurés dans le tube gradué T.
Sixième...	idem	410	156....94	idem	

On voit qu'on obtient en traitant une mesure M de *potassium* par le gaz acide muriatique, précisément autant de gaz hydrogène, qu'en le traitant par l'eau ou par l'hydrogène sulfuré, et que la quantité de gaz acide muriatique absorbé est à la quantité de gaz hydrogène dégagé, comme 2 à 1.

240. Le *potassium* agit très-peu à froid et fortement à chaud sur le gaz fluorique silicé : on fait l'expérience sur le mercure dans une cloche recourbée A, pl. 5, fig. 2.

Presqu'aussitôt que le *potassium* est fondu, il devient bleu, s'enflamme quelque temps après, se détruit et se tranforme en une matière solide de couleur chocolat, qui, avec l'eau, fait toujours une foible effervescence. Il y a absorption rapide de gaz, et on trouve à peine quelques parties d'hydrogène dans le résidu.

Potassium. . . . Une mesure M.

Gaz fluorique silicé. . . . 202 parties du tube gradué T.

Température. . . . Estimée 200 à 250°.

Gaz après la combustion. . . . 124 parties

formées de 118 d'acide fluorique siliceux, et 6 de gaz inflammable.

Donc acide fluorique absorbé. . . . 78.

Produits solides . . . Matière de couleur chocolat, donnant avec l'eau quelques parties de gaz hydrogène ; lumière vive.

Ce résultat ayant été constaté avec soin, on en a conclu que l'acide fluorique étoit probablement formé d'un corps combustible et d'oxigène, et on a entrepris, pour le démontrer plus évidemment, un grand nombre de recherches qui se trouvent consignées (313).

241. L'acide phosphorique vitreux est décomposé à une température élevée par le *potassium ;* il ne l'est point à froid. On se sert d'un tube de verre, dont l'une des extrémités est fermée à la lampe pour faire l'expérience ; à 150 ou 200°, il en résulte une assez vive combustion, dont le produit est du phosphure rouge de potasse. Mis en contact avec l'eau, ce produit donne naissance à du gaz hydrogène phosphuré qui ne prend pas feu dans l'air. On a opéré sur deux mesures M de *potassium.*

242. Les acides phosphoreux, sulfurique

et nitrique étant toujours liquides et contenant toujours de l'eau , on ne parlera de
leur action sur le *potassium* , que quand il
sera question , dans un des chapitres suivans , de celle qu'exercent sur ce métal tous
les acides dissous dans l'eau.

243. Le *potassium* n'a aucune action à
froid sur l'acide borique bleu pur et vitrifié. Son action sur cet acide est au contraire
très-forte à chaud ; et c'est ce qu'on a vu précédemment. Nous ajouterons seulement à
ce que nous avons dit (217), qu'on peut
rendre sensibles les phénomènes que présente la décomposition de l'acide borique
par le *potassium*, même en n'employant
qu'une petite quantité de ces deux substances. Pour cela, on prend parties égales
d'acide borique et de *potassium* ; on coupe
le *potassium* en petits morceaux ; on pulvérise l'acide borique ; et après les avoir mis
alternativement dans un très-petit tube de
verre, on expose ce tube au feu, en le tenant avec une pince. Lorsque la chaleur est
environ à 150°, le mélange rougit fortement:
tout à coup le *potassium* est détruit et l'expérience terminée. On trouve pour produit

une masse verte formée de potasse, de borate de potasse et de bore en si petite quantité, qu'on ne peut le séparer.

244. Le *potassium* décompose très-facilement à chaud les acides arsenique, arsenieux, molybdique, tungstique et chrômique; il ne les décompose point à froid : toutes ces décompositions se font comme les deux précédentes, dans un petit tube de verre, dont l'une des extrémités est fermée à la lampe.

Acide arsenique pur fait avec arsenic et acide nitromuriatique. ... Excès.

Potassium. ... Deux mesures M.

Température ... Un peu plus élevée que pour fondre le *potassium*.

Produits.... Potasse; arsenic; lumière vive.

Acide arsenieux du commerce. .. Excès.

Potassium. ... Deux mesures M.

Température. .... Un peu plus élevée que pour fondre le *potassium*.

Produits.... Potasse; arsenic; lumière vive.

Acide molybdique fait avec sulfure de molybdène et acide nitrique.

Potassium. ... Deux mesures M.

Température. . . . Un peu plus élevée que pour fondre le *potassium.*

Produits. . . Potasse ; probablement molybdène ; lumière vive.

Acide tungstique . . . *Extrait du tungstate de potasse par acide sulfurique.*

Potassium. . . . Deux mesures M.

Température. . . . Un peu plus élevée que pour fondre *le potassium.*

Produits. . . Potasse ; probablement tunsgtène ; lumière vive.

Acide chrômique. . . . *Extrait à froid du chrômate d'argent par acide muriatique.*

Potassium. . . . Trois mesures M.

Température, . . . Un peu plus élevée que pour fondre le *potassium.*

Produits. . . . Potasse ; chrôme ou oxide de chrôme ; lumière.

Ce produit ressemble à celui qu'on obtient avec l'oxide de chrôme, c'est-à-dire, que refroidi et exposé à l'air, il brûle comme un pyrophore, y devient jaune, et se transforme en chrômate de potasse.

DE L'ACTION DU SODIUM SUR LES ACIDES MINÉRAUX NON MÉTALLIQUES ET MÉTALLIQUES.

245. Le *sodium* agit comme le *potassium*, à chaud et à froid, sur tous ces corps ; il n'y a d'autre différence, 1°. qu'en ce que le *sodium* décompose les acides carbonique, borique et nitreux à chaud, sans dégager de lumière ; au lieu que le *potassium* les décompose en en dégageant d'une manière très-sensible ; 2°. en ce qu'il ne devient pas bleu comme le *potassium* au moment de s'enflammer ; 3°. en ce qu'il faut plus de chaleur pour déterminer son action, que pour déterminer celle du *potassium* ; 4°. en ce que, à froid, il ne prend point feu dans le gaz muriatique oxigéné, comme le fait le *potassium*, et qu'il ne s'y enflamme qu'à chaud (1).

---

(1) Plusieurs de ces observations sont dues à M. Davy : ce sont celles qui sont relatives à l'action du gaz acide muriatique ou muriatique oxigéné sur le *potassium* et le *sodium* ; il avoit même vu avant nous que le *potassium* étoit susceptible de décomposer le gaz acide carbonique. (*Voyez Transact. philos.* 1808, ou *Bibliot.*

Du reste, les phénomènes, les résultats et la manière d'opérer sont les mêmes de part et d'autre (1). Par conséquent, on obtient,

1°. Avec gaz acide carbonique, et un excès de *sodium;* soude, un peu de carbonate de soude, charbon, absorption de presque tout le gaz.

2°. Avec *sodium* et gaz sulfureux; sulfure

Britann. tom. 39, Sciences et Arts, 1808, pag. 20, 35 et 68.

Nos recherches ont été publiées partie dans le *Moniteur* pour le vendredi 27 mai 1808, partie dans le *Nouveau Bulletin de la Société philomatique*, n° 17, février 1809, pag. 288.

(1) Ce n'est que pour mettre en contact le gaz acide muriatique oxigéné avec le *sodium*, qu'on s'est écarté du procédé qu'on a suivi pour déterminer l'action de ce gaz sur le *potassium*. Voici celui qu'on a employé: l'acide muriatique oxigéné se dégageoit d'une cornue; de là il traversoit un tube contenant du muriate de chaux fondu et concassé; il y déposoit son eau hygrométrique, et se rendoit ensuite dans un autre tube de verre vide, et placé sur une grille. Au moment où ce tube étoit plein de gaz muriatique oxigéné, on y introduisoit le *sodium*, on le faisoit fondre en mettant du feu sur la grille, et bientôt il s'enflammoit vivement; il en résultoit uniquement du muriate de soude.

de *sodium*, grand dégagement de lumière, absorption presque totale du gaz.

3°. Avec une mesure M de *sodium* et un excès de gaz acide muriatique ; autant de gaz hydrogène qu'en donneroit cette quantité de *sodium* avec l'eau ; du muriate de soude ; un foible dégagement de lumière ; absorption de deux fois autant de gaz acide muriatique qu'il y a d'hydrogène dégagé.

4°. Avec *sodium* et gaz fluorique silicé ; destruction complète du *sodium*, lumière vive, point d'hydrogène, et une matière de couleur chocolat faisant effervescence avec l'eau.

5°. Avec *sodium* et acide borique ; destruction du *sodium*, soude, borate de soude, radical de l'acide borique, point de lumière.

6°. Enfin, avec *sodium* et un excès des acides phosphorique, arsenique, etc. ; lumière, soude, radical de l'acide.

DES PHÉNOMÈNES QUE PRÉSENTENT LE PO-
TASSIUM ET LE SODIUM MIS EN CONTACT
AVEC L'AIR ET LES ACIDES DISSOUS DANS
L'EAU, A LA TEMPÉRATURE DE L'ATMO-
SPHÈRE.

246. Toutes les expériences qui sont relatives à la production de ces phénomènes,
ont été faites en versant dans un verre une
certaine quantité d'acide liquide plus ou
moins concentré, et en y jetant des fragmens de *potassium* et de *sodium*.

Le *potassium* s'est constamment enflammé dans son contact avec l'air et un acide
quelconque plus ou moins concentré ; et
toujours il en est résulté un sel à base de potasse. On a cru remarquer que le *potassium*
se détruisoit plus vite dans ce cas que dans
son contact avec l'eau et l'air seulement.

Le *sodium* a présenté avec l'air et les
acides les mêmes phénomènes que le *potassium*, excepté qu'il ne s'est point toujours
détruit avec flamme. Il étoit curieux de savoir quels sont les acides qui sont susceptibles d'opérer l'inflammation du *sodium* : ce
ne pouvait être que ceux qui forment les
combinaisons les plus intimes avec la soude

et qui en se combinant avec elle, produisent beaucoup de chaleur. Ces acides sont indiqués dans le tableau suivant.

Dans toutes les expériences on a employé une mesure M de *sodium*.

NATURE ET ÉTAT DE L'ACIDE EMPLOYÉ.	PRODUITS DE L'EXPÉRIENC.	OBSERVAT.
Acide sulfurique concentré...	Inflammation subite.	
Acide sulfurique étendu de quatre fois son poids d'eau.	Inflammation.	
Acide sulfuriq. étendu de huit fois son poids d'eau	Point d'inflammation.	
Acide nitrique du commerce à 36°, aréomètre de Beaumé.	Inflammation.	
Le même étendu de son poids d'eau........	Point d'inflammation.	
Acide nitreux............	Inflammation.	
Acide nitreux, étendu de son poids d'eau............	Point d'inflammation.	
Acide muriatique très-fumant.	*Idem.*	
Acide muriatique non-fumant, mais voisin de cet état....	*Idem.*	
Acide fluorique concentré ...	Inflammation.	
Acide phosphoriq. concentré.	*Idem.*	
Acide phosphoreux tel qu'on l'obtient en exposant le phosphore à l'air........	*Idem.*	
Acide sulfureux liquide très-concentré.............	*Idem.*	Il ne se dépose point de soufre. Le *sod.* se détruit très-promptem. dans son contact avec l'acide muriatique oxigén.
Acide muriatique oxigéné liquide très-concentré......	Point d'inflammation.	
Acide boracique..........	*Idem.*	
Acide arseniq. très-concentré.	Inflammation.	
Acide carbonique.........	Point d'inflammation.	
Acide acétique très-concentré.	*Idem.*	
Acide oxalique très-concentré.	*Idem.*	

247. Les acides nitrique et nitreux concentrés, ont probablement comme l'acide
muriatique oxigéné, la propriété d'être
décomposés à froid par le *potassium* et le
sodium; cependant, on ne peut pas le conclure des expériences précédentes, parce
qu'elles ont été faites sans recueillir les gaz
qui ont pu se dégager.

Il paraît que les acides sulfureux et sulfurique, et à plus forte raison les autres
acides, ne sont point décomposés à froid
par le *potassium* et le *sodium :* du moins
lorsqu'on met en contact à froid les acides
sulfurique et sulfureux liquide avec ces métaux, il ne se produit point d'acide sulfureux, et il ne se dépose point de soufre (1).

_____

(1) M. Davy avoit observé avant nous que le *potassium* s'enflammoit constamment dans son contact avec
l'air et un acide quelconque, et qu'il en résultoit toujours un sel à base de potasse; il n'a examiné l'action
du *sodium* que sur les acides sulfurique, nitrique et
muriatique : selon lui, lorsqu'on jette le *sodium* sur
l'acide sulfurique concentré, il se dégage beaucoup de
chaleur, mais point de lumière ; selon nous, au contraire, l'acide sulfurique étendu, même de quatre fois son
poids d'eau, peut encore enflammer le *sodium*. (*Voyez*
le Mémoire de M. Davy, *Transact. phil.* 1808, ou bien
Biblioth. Britann. tom. 39, Sciences et Arts, 1808,
pag. 24 et 36.)

DES PHÉNOMÈNES QUE PRÉSENTENT LE SO-
DIUM ET LE POTASSIUM, EN LES METTANT
EN CONTACT TOUT A LA FOIS AVEC L'EAU
ET LES DIVERS GAZ, A LA TEMPÉRATURE
ORDINAIRE.

248. Ces phénomènes sont très-variables.
Tantôt il y a dégagement de lumière et tantôt il n'y en a pas; quelquefois les gaz sont
décomposés et quelquefois ils sont rapidement absorbés; dans quelques cas la décomposition en est prompte, et dans d'autres,
elle ne l'est pas; et il en est de même par
rapport à l'absorption. Le seul de tous ces
phénomènes qui soit constant, c'est la con-
version du *potassium* et du *sodium* en potasse et en soude. On a toujours procédé
aux expériences de la même manière.

D'abord on a rempli une éprouvette de
mercure; ensuite on y a fait passer une certaine quantité de gaz; puis une certaine
quantité d'eau pure, ou d'eau saturée de gaz
si elle étoit susceptible d'en dissoudre beaucoup; et enfin un fragment de *potassium*
ou de *sodium*. Celui-ci, après avoir traversé
promptement la couche du mercure, tra-

versoit la couche du liquide qui n'étoit pas très-considérable, ét alors produisoit les phénomènes qu'on va rapporter (1).

I.

Gaz acide carbonique et eau avec potassium.

Le *potassium* rougit, s'agite, va et vient, ressemble à un petit boulet incandescent, se détruit à vue d'œil, et décrépite au moment de disparoître : il en résulte beaucoup de gaz hydrogène, très-peu de gaz oxide de carbone, et du carbonate de potasse. Ainsi le *potassium* ne devient lumineux que parce que, outre la chaleur qu'il dégage en agissant sur l'eau, il en dégage beaucoup encore en absorbant rapidement le gaz acide carbonique.

---

(1) Parmi tous ces phénomènes, il n'en est que deux qui aient été observés par M. Davy ; ce sont ceux que présentent le *potassium* et le *sodium* avec l'eau et l'air et avec l'eau et le gaz hydrogène. (*Voyez Biblioth. Britann.* tom. 39, Sciences et Arts, ou *Trans. philos.* 1808.)

I I.

Gaz acide carbonique et eau avec sodium.

Le *sodium* se décompose sans s'enflammer; il se dégage autant d'hydrogène que si le *sodium* étoit seulement en contact avec l'eau: par conséquent, le gaz acide carbonique n'est point altéré.

I I I.

Potassium avec gaz acide sulfureux et acide sulfureux liquide.

Le *potassium* brûle avec une lumière assez vive; il se dégage beaucoup de gaz hydrogène; cependant il se dépose un peu de soufre. Il se fait un sulfite de potasse. Dans ce cas, le dégagement de lumière est dû, tout à la fois, à l'absorption et à la décomposition qu'éprouve le gaz sulfureux, et à l'action du *potassium* sur l'eau.

I V.

Le gaz acide sulfureux, et l'acide sulfureux liquide, se comportent avec le *sodium* comme avec le *potassium*.

V.

Potassium avec gaz acide muriatique et acide muriatique liquide.

Le *potassium* devient rouge, produit autant d'hydrogène qu'avec l'eau seule, et forme avec l'acide muriatique du muriate de potasse. Ici ; il est évident que la lumière produite ne provient que de l'absorption du gaz acide muriatique par la potasse , et de l'action du *potassium* sur l'eau.

V I.

Sodium avec gaz acide muriatique et acide muriatique liquide.

Le *sodium* se détruit sans rougir , produit autant d'hydrogène qu'avec l'eau seule, et forme avec l'acide muriatique du muriate de soude qui trouble la liqueur.

V I I.

Potassium avec gaz oxide nitreux et eau.

L'inflammation est subite et très-vive; la cloche est fortement repoussée ; on n'obtient pas sensiblement d'hydrogène, et il y a beaucoup de gaz oxide nitreux décomposé.

VIII.

Sodium avec gaz oxide nitreux et eau.

Point d'inflammation, point de décomposition du gaz ; on obtient autant d'hydrogène qu'avec l'eau seule.

IX.

Potassium avec gaz oxide d'azote et eau.

L'inflammation est subite et très-vive ; la cloche est fortement repoussée ; on n'obtient pas sensiblement d'hydrogène, et il y a beaucoup de gaz oxide d'azote décomposé.

X.

Sodium avec gaz oxide d'azote et eau.

Inflammation vive ; la cloche est repoussée ; on n'obtient presque point d'hydrogène, et il y a beaucoup de gaz oxide d'azote décomposé.

XI.

Potassium avec gaz oxigène et eau.

Inflammation extrêmement vive : il se

dégage sans doute un peu de gaz hydrogène, puisque le *potassium* touche l'eau;
mais cet hydrogène est brûlé tout à coup.

XII.

Sodium avec gaz oxigène et eau.

Point d'inflammation; à peine quelques
étincelles de temps à autre. On obtient autant d'hydrogène qu'avec l'eau seule.

XIII.

Potassium avec air atmosphérique et eau.

Inflammation subite; tout l'hydrogène
qui peut se dégager est brûlé, pourvu qu'il
y ait assez d'air dans la cloche.

XIV.

Sodium avec air atmosphérique et eau.

Point d'inflammation; on obtient autant
d'hydrogène qu'avec l'eau seule.

XV.

*Potassium avec gaz hydrogène sulfuré et
eau.*

Lumière vive produite; absorption de

gaz hydrogène sulfuré, et dégagement de gaz hydrogène; il se dégage moins d'hydrogène qu'il ne s'absorbe de gaz hydrogène sulfuré.

X V I.

Potassium avec gaz hydrogène phosphuré et eau.

Il y a de la lumière produite; le volume augmente et la liqueur se trouble un peu. Il est probable que dans cette expérience, l'hydrogène phosphuré est décomposé; que l'hydrogène de ce gaz est mis en liberté, et qu'il se forme un phosphure de potasse, qui par son contact avec l'eau produit du phosphate de potasse et reproduit du gaz hydrogène phosphuré.

X V I I.

Potassium avec gaz hydrogène arseniqué et eau.

Le *potassium* devient incandescent; l'hydrogène arseniqué est décomposé; il se dégage de l'hydrogène; le volume du gaz augmente, et il se dépose des flocons brun-marron.

Il est évident que ces flocons sont de l'hydrure d'arsenic, et sont dus à ce qu'il se
forme d'abord un arseniure de *potassium*
qui est décomposé par l'eau.

XVIII.

Potassium avec gaz oxide de carbone et eau.

Point d'inflammation; point de décomposition du gaz et dégagement d'autant d'hydrogène qu'avec l'eau seule.

Même résultat en mettant en contact le
sodium avec le gaz oxide de carbone et
l'eau.

Même résultat en mettant le *potassium* ou
le *sodium* en contact, soit avec le gaz azote
et l'eau, soit avec le gaz hydrogène et l'eau.

XIX.

Potassium avec gaz acide muriatique oxi-
géné et eau.

Inflammation subite; décomposition de
l'acide muriatique oxigéné; formation de
muriate de potasse; probablement, il ne
se dégage point d'hydrogène.

Même résultat en mettant en contact le

sodium avec le gaz acide muriatique oxigéné et l'eau; sauf qu'il se forme dans ce cas du muriate de soude.

X X.

Potassium avec gaz acide nitreux et acide nitreux liquide.

Inflammation subite; décomposition de l'acide nitreux; formation de nitrite de potasse : probablement, il ne se dégage point d'hydrogène.

Même résultat en mettant en contact le *sodium* avec le gaz acide nitreux et l'acide nitreux liquide.

Ces quatre dernières expériences n'ont pas été faites sur le mercure, parce qu'il eût été attaqué : elles l'ont été en projetant des fragmens de *potassium* dans des flacons pleins de ces gaz et contenant au fond un peu d'eau qui en étoit saturée.

On n'a point recherché ce que produiroient, 1°. le *potassium* et le *sodium* avec le gaz acide fluorique silicé et l'eau; 2°. le *sodium* avec l'eau et les gaz hydrogène sulfuré, phosphuré et sulfuré.

DE L'ACTION DU POTASSIUM SUR LES ALCALIS SOLIDES ET SUR LES TERRES.

249. Après avoir mis cinq à six mesures M de *potassium* au fond d'un tube de verre bien sec, et l'avoir recouvert de huit à dix fois autant de terre ou d'alcali aussi sec que possible, on a adapté à ce tube un autre petit tube propre à recueillir les gaz, et on l'a exposé à l'action du feu. D'abord, on a chauffé la base salifiable ; et lorsqu'elle a été voisine du rouge-obscur, on a fait passer le *potassium* à travers en en élevant assez la température pour le volatiliser. Pendant toute l'opération, il s'est dégagé un peu de gaz hydrogène ; une portion du *potassium* s'est sublimée au haut du tube, mais la majeure partie a disparu : c'est ce qu'on a vu clairement en cassant le tube. La matière étoit devenue noirâtre, et n'offroit aucun point brillant. Traitée par le mercure, il ne s'en dissolvoit presque rien ; mise en contact avec l'eau, elle faisoit une légère effervescence qui duroit quelquefois très-long-temps. Les bases salifiables sur lesquelles on a opéré, sont la barite, la

strontiane, la chaux, la potasse, la magnésie, la zircone et la silice.

On s'est servi de barite et de strontiane
extraites de leurs nitrates; de chaux provenant du marbre blanc; de potasse préparée
à l'alcool et fondue; de magnésie, de zircone et de silice bien pures et fortement
calcinées. Le tableau suivant contient les
résultats qu'on a obtenus.

NOMS DE LA BASE SALIFIABLE	HYDROGÈNE DÉGAGÉ.	PRODUIT SOLIDE.	OBSERVATIONS.
Barite....	Quantité bien au-dessous de celle qu'auroit donné, avec l'eau, le *potassium* empl.	Brun-noir faisant long-temps effervescence avec l'eau.	On n'a pas employé de barite provenant de la barite cristallisée, parce qu'elle contient de l'eau.
Strontiane	*idem*	*idem*	
Chaux...	*idem*	*idem*	
Magnésie.	*idem*	*idem*	
Zircone..	*idem*	*idem*	
Silice....	*idem*	*idem*	
Potasse...	Quantité très-grande.	Brun-noir se dissolvant promptement presque sans effervescence.	

250. On a répété la dernière expérience

en augmentant la quantité de *potassium* et diminuant celle d'alcali. Le *potassium* a également disparu; il s'est toujours dégagé beaucoup de gaz hydrogène : mais le produit solide faisoit une vive effervescence avec l'eau, quoiqu'il ne contînt aucune partie du *potassium* visible. On obtient quelquefois un produit de ce genre dans la préparation de *potassium ;* il est tantôt blanc, tantôt rougeâtre, et il se rassemble ordinairement à l'extrémité du canon de fusil ; il dégage moins d'hydrogène avec l'eau que le *potassium.* On en obtient encore un tout à fait semblable, et qui est toujours blanc, en mettant à la température ordinaire le *potassium* en contact avec une quantité d'air qui ne contient point assez d'oxigène pour le transformer en potasse (106). Ces produits sont autant d'hydrures de potasse moins hydrogénés que le *potassium* dans l'hypothèse des hydrures, et ce sont des oxides de *potassium* moins oxidés que la potasse, dans l'hypothèse où on regarde le *potassium* comme un être simple. Il se passe, probablement, entre les autres alcalis et les terres avec le *potassium*, quelque chose d'analogue à ce qui a lieu entre ce métal et la potasse ; ainsi : en supposant que ces bases soient autant d'oxides , il est possible de concevoir que ces oxides soient réduits , et que ce soit le métal de ces nouveaux oxides qui fait effervescence avec l'eau ; ou bien , en supposant que ce soit des corps simples , et que le *potassium* soit un hydrure , on peut admettre que le *potassium* cède une portion de son hydrogène à la base avec laquelle il est en contact , ou bien encore que le *potassium* entre en combinaison triple avec cette base et cet hydrogène ; mais il faut avouer que les faits ne sont point assez démonstratifs pour avoir une opinion bien arrêtée à cet égard.

251. On n'a point cru devoir faire , d'après ce qui précède , d'expériences avec le *sodium* et les bases salifiables , seulement on sait que dans la préparation du *sodium* on obtient quelquefois , comme dans la préparation du *potassium* , une matière blanche qui n'a point l'aspect métallique , qui par conséquent n'est point du *sodium* , et qui cependant fait effervescence avec l'eau ; et on sait également qu'en renfermant pen-

dant quelque temps du *sodium* dans un flacon plein d'air, ce métal se transforme peu à peu en une matière blanche tout-à-fait analogue à la précédente, pourvu toutefois que l'air soit humide (122).

De l'action du potassium sur le gaz ammoniac.

252. Lorsqu'on fait fondre le *potassium* dans le gaz ammoniac, il disparoît peu à peu, et se transforme en une matière verte-olivâtre très-fusible; le gaz ammoniac lui-même disparoît presque en totalité, et se trouve remplacé en partie par un volume de gaz hydrogène précisément égal à celui que donne avec l'eau la quantité de *potassium* qu'on emploie. Cette expérience est facile à faire dans une petite cloche de verre A, recourbée à son extrémité, pl. 5, fig. 2. D'abord, on fait bien sécher cette cloche, et on la remplit de mercure bien sec; ensuite on y fait passer une quantité déterminée de gaz ammoniac, et on porte avec une tige de fer, jusque dans la partie qui en est recourbée, une quantité également déterminée de *potassium*. Il est nécessaire que le *potassium* ne puisse se combiner avec aucun glo-

bule de mercure : autrement il ne disparoî-
troit point tout entier, et on n'obtiendroit
pas autant de gaz hydrogène que ce métal
en donne avec l'eau. (*Voyez* 253, l'action
des métaux sur la matière verte.) On
évite cet inconvénient en passant promp-
tément la petite masse de *potassium* à travers le mercure, après avoir fait tomber
avec beaucoup de soin les petits globules
de mercure qui pourroient rester au haut
de la cloche. Alors on chauffe doucement
avec une lampe à esprit-de-vin : bientôt le
potassium entre en fusion et se couvre d'une
légère croûte; quelques secondes après, il
se découvre, paroît très-brillant, absorbe
beaucoup de gaz ammoniac, et se transforme en quelques instans en une matière
verte-olivâtre. Aussitôt que cette transformation est opérée, on doit cesser de chauffer; si on ne le faisoit point, ou si même
pendant le cours de l'expérience, on avoit
employé divers degrés de chaleur, les résultats varieroient. D'ailleurs, soit qu'on
emploie du gaz ammoniac desséché par la
chaux, ou du gaz ammoniac qui n'ait point
été desséché par cet alcali, ils sont toujours
sensiblement les mêmes.

Nombre des expérienc.	Gaz ammoniac employé.	Potassium employé.	Résidu gazeux.	Nature du résidu.		Gaz ammoniac absorbé.	OBSERVATIONS
				ammon.	hydrog.		
Première .	250	une mes. M	194,5	116	78,5	134	Therm. 15°; bar. 0m,75. Les gaz ont été mes. dans le tube gradué T. Le degré de chaleur, auquel on a soumis la matière, n'a point été le même dans toutes les expérien.
Seconde. .	275	idem	217,5	139	78,5	136	
Troisième.	166,5	idem	120,5	42	78,5	124,5	
Quatrième.	160	idem	118	39	79	120	
Cinquième.	150	idem	115,5	36,5	79	112,5	
Sixième . .	145,5	idem	108	29,5	78,5	116	
Septième. .	145,5	idem	123,5	45,5	78	100	
Huitième. .	170	idem	142	64	78	106	
Neuvième.	90	idem	70	3	67	87	
Dixième. .	80	idem	61	1	60	79	

On voit par ces résultats, 1°. qu'en employant une suffisante quantité de gaz ammoniac, on change tout le *potassium* en une matière verte-olivâtre; 2°. que la quantité de gaz ammoniac, absorbée par le *potassium*, est variable en raison du degré de chaleur auquel on l'expose; 3°. qu'une mesure M de *potassium* n'en absorbe jamais plus de 136 parties du tube gradué T, mais qu'elle peut n'en absorber que 100, et même moins; 4°. enfin, que quelle que soit la quantité d'ammoniaque absorbée, il en résulte toujours une quantité de gaz hydrogène qui est la même, et qui est égale à celle que le *potassium* produit avec l'eau.

253. Examinons maintenant les propriétés de cette matière verte-olivâtre; elle est opaque, et ce n'est qu'en lames extrêmement minces qu'elle semble demi-transparente; on n'y distingue aucun point métallique; elle est plus pesante que l'eau; en l'examinant avec attention, on croit y voir quelques cristaux mal formés.

Lorsqu'on l'expose à la chaleur, elle se fond; il s'en dégage du gaz ammoniac, du gaz hydrogène et du gaz azote; et ensuite elle se solidifie tout en conservant sa couleur verte.

Exposée à l'air, à la température ordinaire, elle en attire seulement l'humidité, n'en absorbe pas l'oxigène, et se transforme en gaz ammoniac et en potasse.

Projetée dans un creuset chaud, et voisin du rouge-obscur, elle s'enflamme subitement.

Chauffée dans une petite cloche avec du gaz oxigène, elle ne tarde point à prendre feu et brûle vivement.

Mise en contact avec l'eau, elle s'échauffe considérablement, se décompose tout à coup, et il en résulte de la potasse qui reste en dissolution dans l'eau, et de l'ammoniaque qui s'y dissout en partie : quelquefois elle s'enflamme.

Mise en contact avec les acides, elle est subitement décomposée comme par l'eau, et il en résulte des sels à base de potasse et d'ammoniaque.

Traitée à chaud par la plupart des métaux, surtout par ceux qui sont fusibles, il s'en dégage du gaz azote, du gaz ammoniac, quelquefois un peu d'hydrogène ; on obtient un alliage de *potassium* et du métal

employé, et en outre une portion de matière semblable au résidu de la calcination
de la matière verte-olivâtre.

Mise en contact avec l'alcool, elle s'y détruit assez rapidement, et se convertit en
potasse et en ammoniaque.

Enfin, mise en contact avec l'huile de
naphte, elle ne paroît pas y subir d'altération, du moins en quelques heures. Telles
sont les diverses propriétés de la matière
verte; mais il faut soumettre les principales
à un examen très-sévère, et c'est ce qu'on
va faire dans les articles suivans.

De l'action du feu sur la matière verte.

254. Après avoir préparé de la matière
verte-olivâtre, en tenant compte dans cette
préparation, 1°. de la quantité du *potassium*
et du gaz ammoniac employés; 2°. de la quantité du gaz ammoniac absorbé; 3°. de la quantité du gaz hydrogène dégagé, on a procédé à la calcination de cette matière dans
la cloche même où elle avoit été préparée:
mais auparavant on a fait passer dans cette
cloche une petite quantité bien mesurée de

gaz hydrogène ; précaution indispensable à prendre , pour que le mercure ne soit point en contact avec la matière , et ne puisse point l'altérer (*voyez* l'article 253). Ainsi , dans une opération où on a employé 160 parties de gaz ammoniac , et une mesure M de *potassium*, on a fait passer , comme on l'a dit (252), ce gaz et ce métal dans une cloche recourbée A , pl. 5 , fig. 2, bien sèche et pleine de mercure bien sec. On a chauffé peu à peu jusqu'à ce que le *potassium* ait été converti en matière verte. Alors, on a laissé refroidir la cloche et on a mesuré les gaz ; il y en avoit 118^P,5 qui contenoient 78^P,5 de gaz hydrogène, et 40 parties de gaz ammoniac : d'où on a conclu que 120 parties de gaz ammoniac avoient disparu. Connoissant ainsi la quantité du gaz hydrogène dégagé , et la quantité du gaz ammoniac absorbé, on a introduit dans la cloche qui se trouvoit pleine de mercure , 86 parties de gaz hydrogène desséché par la chaux , et on en a chauffé peu à peu la partie supérieure jusqu'au rouge , soit avec une lampe à esprit-de-vin , soit avec des charbons rouges. La matière verte s'est fondue , a bouillonné et fait descendre rapidement le mercure, puis s'est solidifiée; et comme on avoit eu soin d'incliner suffisamment la cloche, aucune portion de cette matière n'a coulé le long de ses parois. La cloche ayant été tenue presque jusqu'au rouge pendant cinq à six minutes, on a retiré le feu peu à peu, et lorsqu'elle a été refroidie, on a mesuré les gaz qu'elle contenoit : il y en avoit 193,5 parties du tube gradué T, dont 30,5 d'ammoniaque, 142,5 de gaz hydrogène, et 20^P,5 de gaz azote. On en a absorbé l'ammoniaque par l'eau, et déterminé les quantités d'hydrogène et d'azote au moyen de l'eudiomètre. Or, comme on avoit mis dans la cloche 80 parties de gaz hydrogène, il s'ensuit que la matière a fourni 30^P,5 d'ammoniaque, 62^P,5 de gaz hydrogène, 20^P,5 de gaz azote, ou bien 72 parties de gaz ammoniac; par conséquent les $\frac{3}{5}$ de ce que le *potassium* en avoit absorbé.

On a répété cette expérience un grand nombre de fois, en variant les quantités de gaz ammoniac et le degré de chaleur : dans toutes, le feu a été augmenté graduellement. Toujours les mêmes phénomènes se sont manifestés. D'abord la matière verte s'est fondue; ensuite elle est entrée comme dans une sorte d'ébullition ; beaucoup de gaz s'en est dégagé, et le mercure est descendu rapidement. Toutes les fois qu'on n'a point porté la cloche jusqu'au rouge-cerise, on n'en a retiré presque que du gaz ammoniac : mais quand on l'a portée à ce degré de chaleur, on en a retiré tout à la fois du gaz ammoniac et des gaz hydrogène et azote dans la proportion nécessaire pour faire l'ammoniaque, ou bien dans le rapport de 3 à 1. Dans tous les cas, après la calcination, la matière étoit noirâtre, et avoit perdu la propriété de se fondre.

EXPÉRIENCES.	Quantité de *potassium* avec laquelle on a fait la matière verte.	Gaz ammoniac absorbé par le *potassium* pendant la formation de la matière verte.	Gaz ammoniac non décomp. prov. de la calcin. de la mat. verte.	Gaz hydrogène et azote dégag. par la calcinat. de la mat. verte dans les proport. nécessair. pour faire l'ammoniac.	Quantité totale d'ammoniaq. décomp. ou non décompos. prov. de la calc. de la mat. verte.	Résidu de la calcination de la matière verte.	Chaleur employée pour calciner la mat. verte.
1	une m.M	123 p.	35,5p.	········	35,5 p.	Vert foncé n'adhérant pas fortem. au verre.	Chal. bien au-dessous du rouge-brun.
2	idem	121,5	34	········	34	idem	idem
3	idem	112	40	hydr. 37,5 azote 12,5	65	Vert foncé adhér. au verre.	Voisine du rouge-brun.
4	idem	122,5	49	hydr. 40 azote 15	75,5	idem	idem
5	idem	120	15	hydr. 93 azote 31	78	idem	Le verre commenç. à fondre.
6	idem	118,5	12	hydr. 96 azote 22	76	idem	idem

OBSERVATIONS.

1. La matière verte a toujours été faite à une très-douce chaleur; et toujours on a cessé de chauffer aussitôt qu'on n'a plus aperçu de *potassium*.

2. Les résultats sont calculés pour une température de 15° cent. et pour une pression de 0m,75.

3. Il faut se rappeler qu'on se sert toujours du tube gradué T pour mesurer les gaz.

On voit donc que, 1°. que, selon qu'on chauffe plus ou moins fortement la matière verte, on en retire une plus ou ou moins grande quantité de gaz ammoniac ou de ses principes; 2°. qu'on ne peut en retirer qu'environ les trois cinquièmes de ce que le *potassium* en a absorbé; 3°. que le premier cinquième s'en dégage à une douce chaleur et sans se décomposer; 4°. que le deuxième cinquième ne s'en dégage qu'à une chaleur plus élevée et en se décomposant en partie; 5°. que le troisième cinquième ne s'en dégage qu'à la chaleur presque rouge, et en se décomposant tout entier; 6°. qu'en portant la matière verte au rouge, et la tenant pendant quelque temps à ce degré de chaleur, pour dégager le troisième cinquième, on décompose presque toute l'ammoniaque du premier et du deuxième cinquième, qui ne l'étoit point; en sorte que la quantité d'ammoniaque non décomposée qu'on obtient, dépend du degré de chaleur qu'on emploie.

255. Craignant que le verre n'ait quelqu'influence sur les résultats de ces expériences, on a voulu savoir si on les obtiendroit également dans un vase de métal.

On a introduit une capsule de platine dans une cloche recourbée A , planch. 5 , fig. 2 , où on avoit fait passer d'abord une certaine quantité de gaz ammoniac ; on a dégagé par le feu un peu de mercure adhérent à cette capsule ; et ensuite on a porté dedans une mesure M. de *potassium* avec une tige de fer. La capsule étant convenablement disposée dans la partie courbe de la cloche , on a fondu peu à peu le *potassium* ; et bientôt il a été changé en matière verte , en dégageant autant de gaz hydrogène qu'avec l'eau , et en absorbant environ 106 parties de gaz ammoniac du tube gradué T. Alors, on a calciné la matière, après avoir mis dans le tube, comme précédemment (254), une suffisante quantité de gaz hydrogène, et après avoir dégagé le plus possible , les globules de mercure , des cavités auxquelles cette matière donne toujours lieu ; on n'en a retiré environ que les deux cinquièmes et demi de ce qu'elle devoit en contenir. On a répété cette expérience , et les résultats ont toujours été sensiblement les mêmes.

Ainsi donc on obtient un peu moins d'ammoniaque dans le platine que dans le verre :

mais cela provient principalement de deux
causes, 1°. de ce que la matière n'est point
aussi fortement chauffée dans le platine que
dans le verre; et en second lieu, de ce qu'il
est presque impossible d'ôter tous les globules de mercure qui se sont logés dans les
interstices formés par la matière. (*Voyez*
l'action du mercure sur la matière verte,
article 253.) D'ailleurs, les premières portions de gaz qui se dégagent dans ce cas,
ne sont autre chose que du gaz ammoniac,
absolument, comme quand l'expérience se
fait dans un vase de verre. De là on doit conclure que l'influence du verre est nulle ou
presque nulle sur la matière verte-olivâtre.

256. Il en est de même de l'acide bocique vitreux ou de la silice, avec lesquels
on met la matière verte-olivâtre en contact.
En effet, après avoir préparé de la matière
verte dans une cloche recourbée A, pl. 5,
fig. 2; après en avoir recueilli et analysé les
gaz, et avoir introduit dans la cloche du gaz
hydrogène et de la silice, ou de l'acide boracique en poudre, on a calciné au rouge et
on n'a retiré qu'un peu plus des trois cinquièmes de l'ammoniaque que le *potassium*

avoit absorbée, tant en ammoniaque non décomposée qu'en ammoniaque décomposée.

257. Présumant d'après tous ces essais, et surtout d'après la propriété dont jouit la matière verte, de donner d'autant plus de gaz ammoniac, qu'on la chauffe davantage; que si on pouvoit l'exposer à une température très-élevée, on en retireroit peut-être plus des trois cinquièmes de ce que le *potassium* en avoit absorbé : on a cherché à en opérer la calcination dans des tubes de fer bien rôdés et bien nettoyés. On remplissoit ces tubes de mercure; on y faisoit bouillir ce métal, puis on y portoit, après y avoir introduit de l'hydrogène, une quantité connue de matière verte, dans un dé de platine qu'on soutenoit, au moyen d'une tige de fer; ensuite on portoit au rouge l'extrémité du tube où se trouvoit placée la matière verte; mais quelques précautions qu'on ait prises, l'expérience n'a jamais réussi. Ce qui en empêche surtout le succès, c'est que le fer contient toujours un peu d'oxide qui réagit sur l'hydrogène de l'alcali, ou sur celui qu'on a ajouté. Il faudroit se servir de tubes de platine, et encore ce

métal, comme tous les autres, présente-t-il quelques inconvéniens.

De l'action de l'eau sur la matière verte.

258. On a préparé de la matière verte, comme on l'a dit précédemment, dans une cloche recourbée A (252); et, après avoir mesuré le gaz ammoniac en excès et le gaz hydrogène qu'on obtient, on a fait passer quelques gouttes d'eau dans la cloche qui se trouvoit alors pleine de mercure. Cette eau s'y est élevée peu à peu jusqu'à la partie supérieure ; elle y a rencontré la matière verte sur laquelle elle a agi immédiatement : il en est résulté une assez vive chaleur et beaucoup de gaz. Toute la matière verte n'étant point attaquée, on a fait passer dans la cloche plusieurs autres gouttes d'eau dont on a aidé cette fois l'action, en le portant à 50 ou 60°, il s'est développé une nouvelle quantité de gaz. Alors, jugeant la décomposition complétement faite, on en a examiné les produits, et on a trouvé que ce gaz n'étoit que du gaz ammoniac, et que la matière solide n'étoit que de la potasse légèrement humide. On donne dans le tableau suivant les résultats de six expériences :

EXPÉRIENCES.	QUANTITÉ DE POTASSIUM.	Ammoniaque absorbé par le *potassium* pendant la format. de la mat. olivâtre.	Gaz hydrog. dégagé pendant la convers. du *potassium* en matière olivâtre.	Gaz ammon. dégagé de la matière olivât. par quelques gouttes d'eau, au moyen de la chaleur.	OBSERVATIONS.
Première .	une mes. M.	112,5 p.	78,5 p.	110 p.	1. Les résultats sont calculés pour la température de 15°, et pour la pression de 0m,75. 2. Les gaz ont été mesurés dans le tube gradué T.
Seconde..	idem	120	78	116,5	
Troisième.	idem	122	78,5	118	
Quatrième	idem	117,5	78	114,5	
Cinquième	idem	115	78	111	
Sixième..	idem	119,5	78,5	115	

On voit donc qu'en traitant la matière verte-olivâtre par très-peu d'eau chaude, on n'en retire que de la potasse et du gaz ammoniac, et que la quantité de ce gaz est absolument égale à celle que le *potassium* a fait disparoître pour se changer en matière verte, sauf quelques centièmes que la potasse assez humide retient en dissolution. Pour faire cette expérience avec succès, la seule condition à remplir est de ne pas employer trop d'eau ; car on conçoit que si on en mettoit beaucoup plus que la potasse n'en peut solidifier, l'excès réagiroit sur le gaz ammoniac et le dissoudroit en tout ou en partie. Aussi quand, après avoir mis peu d'eau en contact avec la matière verte et en avoir dégagé du gaz ammoniac, on en fait passer une nouvelle quantité suffisamment grande, on voit disparoître ce gaz à l'instant ; ou bien encore quand on met tout de suite beaucoup d'eau en contact avec la matière verte, elle s'y dissout sans dégager la plus petite bulle de gaz : s'il s'en produisoit même tant soit peu, ce seroit du gaz hydrogène qui proviendroit de ce qu'une partie du *potassium* auroit échappé à l'action du gaz ammoniac.

I.   23

On évite avec la plus grande facilité cet inconvénient, en se conformant à tout ce qui a été dit (252).

De l'action du sodium sur le gaz ammoniac.

259. Le *sodium* présente avec le gaz ammoniac des phénomènes entièrement analogues à ceux que le *potassium* présente avec ce gaz (252). Aussitôt que ces deux corps sont en contact l'un avec l'autre, et qu'on élève la température, le gaz ammoniac est absorbé et le *sodium* disparoît peu à peu. Le gaz ammoniac est remplacé par du gaz hydrogène, et le *sodium* est transformé en une matière verte-olivâtre ou un ammoniure de *sodium*, qui, exposé à la chaleur, se comporte comme l'ammoniure de *potassium*. La quantité de gaz ammoniac absorbé, varie en raison de la température; mais la quantité de gaz hydrogène dégagé est constante, et toujours égale à celle que le *sodium* donne avec l'eau. L'expérience doit toujours être faite, comme on l'a indiqué (252), en traitant de l'action du *potassium* sur le gaz ammoniac.

EXPÉRIENCES.	GAZ AMMON. EMPLOYÉ.	SODIUM EMPLOYÉ.	RÉSIDU GAZEUX.	NATURE DU RÉSIDU.	GAZ AMMON. ABSORBÉ.	OBSERVATIONS.
Première.	parties 400	une mes. M.	parties 308	Ammon. 160 Hydrog. 148	parties 240	1. Températ. 15°; pression 0m,75.
Seconde.	395	idem	302	Ammon. 155 Hydrog. 147	240	2. Les gaz ont été mesurés dans le tube gradué T.
Troisième.	410	idem	348	Ammon. 200 Hydrog. 148	210	3. La chaleur a été variable.
Quatrième.	419	idem	320	Ammon. 177 Hydrog. 147	242	4. Il faut prendre bien garde qu'il ne s'attache des globules de mercure au sodium.

Les propriétés de l'ammoniure de *sodium* sont sensiblement les mêmes que celles de l'ammoniure de *potassium*. (V. 253.) (1)

---

(1) M. Davy s'est aussi occupé, mais bien après nous, de l'action du gaz ammoniac sur le *potassium* et le *sodium*. Il a répété presque toutes nos expériences, et en a fait quelques-unes qui lui sont propres. Parmi celles qui lui appartiennent, on doit surtout distinguer celles qui sont relatives à la distillation de la matière verte ou ammoniure de *potassium*. M. Davy assure qu'en distillant cet ammoniure dans un tube de platine, on en retire tout le *potassium* et toute l'ammoniaque qui disparoissent dans sa préparation. (Voyez *Biblioth. Brit.*, n° 340, février 1810, page 192.) Nous avions essayé, dès le mois de mai 1808, de faire cette expérience ; mais comme nous n'avions que des tubes de fer, elle ne nous a jamais réussi : nous l'avons abandonnée, parce que, quels qu'en soient les résultats, ils s'expliquent très-bien, soit qu'on regarde le *potassium* et le *sodium* comme des hydrures, soit qu'on les regarde comme des corps simples. (*Voyez* la discussion de ces deux hypothèses dans le deuxième volume de cet ouvrage.) Nos recherches ont été lues à l'Institut les 2 et 16 mai 1808, et imprimées par extrait dans le *Moniteur* pour le vendredi 27 mai 1808, puis dans le deuxième volume d'Arcueil. Celles de M. Davy ont été lues à la Société royale, le 30 juin 1808 et le 15 décembre 1808, et elles ont été imprimées, savoir, les premières dans les *Trans. Philos.* 1809, *an Account*, etc., et dans la *Biblioth. Britann.* n° 324, pag. 131 ; et les secondes dans les *Trans. Phil.* 1810, *On some new Researches*, etc. et dans la *Bibl.*

DE L'ACTION DU POTASSIUM SUR LES SELS
ALCALINS, TERREUX ET MÉTALLIQUES (1).

260. On a déterminé l'action du *potassium* sur ces substances, absolument de la

---

Brit. n° 330, septembre 1809, pag. 27 — 46, et dans les numéros subséquens.

Il paroît aussi, d'après ce qui est dit *Biblioth. Brit.* n° 330, pag. 28 et 29, que M. Davy avoit annoncé à la Société royale, le 19 novembre 1807, qu'en chauffant du *potassium* dans du gaz ammoniac, il y avoit augmentation de volume, production de gaz hydrogène et de gaz azote, et oxidation du *potassium*, et qu'ainsi l'ammoniaque contenoit de l'oxigène. Mais cette expérience, dont la conséquence est très-contestable, n'est point imprimée dans le mémoire de M. Davy, *Bibl. Brit.* tom. 39, Sciences et Arts, quoiqu'il y parle en détail, pag. 54, de l'existence de l'oxigène dans l'ammoniaque.

Il s'en faut de beaucoup que nos recherches soient toujours d'accord avec celles de M. Davy : nous indiquons les différens points sur lesquels nous différons d'opinion, dans le second volume de cet ouvrage.

(1) M. Davy, dans les Mémoires qu'il a publiés et qui ont précédé le nôtre sur cette matière, n'a parlé que de l'action du *potassium* sur le carbonate de chaux, *voyez* surtout *Trans. phil.* 1808, ou *Bibl. Brit.* t. 39, Sciences et Arts, 1808, p. 68 ; et d'une autre part, notre Mémoire, *Nouv. Bulletin de la Société philom.*, mois de février 1809, n° 17, pag. 288.

même manière que sur les oxides métalliques (198). Par conséquent, on a pris un
tube bien sec, long d'environ quatre à cinq
centimètres, large de quatre à cinq millimètres, dont l'une des extrémités étoit fermée à la lampe et l'autre étoit ouverte. On
a mis au fond de ce tube une légère couche
de sel bien pulvérisé et bien desséché ; puis
on a mis le *potassium* sur cette couche, et
enfin une couche du même sel d'environ
cinq à six millimètres d'épaisseur sur le *potassium*. Ce métal étoit ainsi enveloppé de
sel, et n'avoit pas le contact de l'air ; on a
saisi le tube de verre avec une pince, et on
l'a chauffé plus ou moins fortement, jusqu'à ce que l'expérience fût terminée.

Le *potassium* a toujours enlevé l'oxigène
à ceux de ces sels qu'on sait en contenir,
et a été converti le plus souvent en potasse,
et rarement en oxide au minimum ou au
maximum. Tantôt il a fallu peu de feu,
tantôt une chaleur presque rouge-cerise
pour produire ce résultat ; souvent il y a
eu dégagement de lumière au moment de
sa production.

I.

Sulfate de barite de Roya bien pur, et calciné au plus grand degré de feu.

Potassium. . . . Une mesure M.
Température. . . . Voisine du rouge-cerise.
Produits. . . . Oxide de *potassium;* sulfure jaune-rougeâtre de barite; point de lumière sensible.

I I.

Sulfate de soude fondu à un grand feu.

Potassium. . . . Une mesure M.
Température. . . . Voisine du rouge-cerise.
Produits . . . Oxide de *potassium;* sulfure jaune-rougeâtre; point de lumière.

I I I.

Sulfate de chaux naturel pur, et calciné à un grand feu.

Potassium. . . . Une mesure M.
Température. . . . Estimée 150 à 200°.

Produits. . . . Oxide de *potassium ;* sul-fure jaune-rougeâtre ; lumière assez vive.

I V.

Sulfate de magnésie desséché à un grand feu.

Potassium. . . . Une mesure M.

Température . . . Un peu plus élevée que pour fondre le *potassium*.

Produits. . . . Oxide de *potassium ;* sul-fure jaune-rougeâtre , probablement de po-tasse ; lumière très-vive.

V.

Alun desséché , de manière à en chasser l'eau sans le décomposer.

Potassium. . . . Une mesure M.

Température. . . . Un peu plus élevée que pour fondre le *potassium*.

Produits . . . . Oxide de *potassium ;* sul-fure jaune , probablement de potasse ; lu-mière très-vive.

V I.

Sulfite de barite bien desséché , et obtenu

avec muriate de barite et sulfite de potasse.

Potassium. . . . Une mesure M.
Température. . . . . Estimée 100 à 150°.
Produits. . . . Oxide de *potassium ;* sul-
fure jaune-rougeâtre ; lumière assez vive.

VII.

Sulfite de chaux bien desséché, et préparé avec muriate de chaux et sulfite de potasse.

Même disposition et même phénomène
qu'avec le sulfite de barite.

VIII.

Nitrate de barite bien desséché.

Potassium. . . . Une mesure M.
Température. . . . Un peu plus élevée que
pour fondre le *potassium.*
Produits. . . . . . Oxide de *potassium ;* barite, lumière très-vive, grand dégagement
de gaz et projection de la matière.

I X.

Nitrate de potasse fondu.

Potassium. . . . Une mesure M.

Température. . . . Un peu plus élevée que pour fondre le *potassium.*

Produits. . . . Oxide de *potassium ;* point de lumière ; dégagement de gaz ; point de projection de matière.

X.

Muriate suroxigéné de potasse bien desséché.

Potassium. . . . Une mesure M.

Température. . . . Celle à laquelle le *potassium* fond.

Produits. . . . Oxide de *potassium ;* sans doute, muriate de potasse ; lumière très-vive ; détonation (1).

---

(1) Cette détonation est due sans doute à ce qu'une portion de l'oxigène du muriate sur-oxigéné qui est en excès, se dégage subitement par la grande chaleur produite.

X I.

Phosphate de chaux, bien sec, et précipité du phosphate acide de chaux par l'ammoniaque.

Potassium.... Une mesure M.
Température . . . Rouge-cerise.
Produits.... Oxide de *potassium*; phosphure rougeâtre de chaux, qui, avec l'eau, a dégagé l'espèce de gaz hydrogène phosphuré qui ne s'enflamme pas par l'air (1); point de lumière.

X I I.

Phosphate de barite. Même disposition de matières et mêmes phénomènes qu'avec le phosphate de chaux.

---

(1) Il existe deux sortes de gaz hydrogène phosphuré. L'un s'enflamme à la température ordinaire, aussitôt qu'il est en contact avec l'air; et l'autre ne s'enflamme jamais dans ce cas. Le premier contient plus de phosphore que le second. On les obtient tous deux en chauffant un mélange humide de phosphore et de chaux. Celui qui s'enflamme spontanément se forme d'abord; l'autre ne se forme qu'en dernier lieu.

XIII.

Carbonate de chaux ou marbre, parfaitement pulvérisé.

Potassium. . . . Une mesure M.
Température. . . . Rouge-cerise.
Produits. . . . . . Potasse ; *potassium* non décomposé ; chaux, charbon, point de lumière. Peut-être s'est-il dégagé du gaz oxide de carbone ; c'est ce qu'on sauroit en faisant l'expérience sur le mercure, dans une petite cloche où on auroit d'abord introduit de l'azote.

XIV.

Carbonate de soude poussé au plus grand degré de feu.

Même résultat qu'avec le carbonate de chaux.

XV.

Carbonate de potasse saturé. Même résultat qu'avec les deux carbonates précédens.

X V I.

Muriate de barite fondu au rouge.

Potassium ... Quatre mesures.
Température. ... Rouge-cerise.
Produits. ..... *Potassium* et muriate de
barite.

Le *potassium* se sublime à travers le sel,
sans l'attaquer.

X V I I.

Muriate de soude fondu au rouge. Même
résultat qu'avec le muriate de barite.

X V I I I.

Fluate de soude fondu an rouge , et fait
directement.

Potassium. ... Quatre mesures M.
Température. ... Rouge-cerise.
Produits. ..... *Potassium* et fluate de
soude ; par conséquent point d'action.

XIX.

Fluate de chaux naturel.

Potassium . . . Quatre mesures M. Mêmes résultats qu'avec le fluate de soude.

XX.

Borax du commerce, exposé à un grand feu.

Potassium. . . . Quatre mesures M.
Tube de cuivre. . . . Suffisamment large.
Température . . . Rouge-cerise.
Produits. . . . *Potassium* et borax : par conséquent, point d'action.

On n'a essayé ni les phosphites, ni les nitrites alcalins et terreux ; mais ces sels seroient décomposés, sans doute, par le *potassium*, à une température élevée.

XXI.

Sulfate d'argent bien sec, fait de toutes pièces.

Potassium. . . . Deux mesures M.

Température.... Un peu plus élevée que pour fondre le *potassium*.

Produits. ... Oxide de *potassium ;* sulfure, réduction de l'oxide d'argent ; lumière vive.

XXII.

ulf ate de cuivre du commerce desséché;

Sulfate de plomb fait en versant de l'acide sulfurique dans l'acétate de plomb ;

Sulfate de mercure peu oxidé, fait en versant du sulfate de soude dans le nitrate de mercure au minimum d'oxidation.

Potassium.... Pour chacun de ces sulfates, deux mesures M.

Température ... Un peu plus élevée que pour fondre le *potassium*.

Produits....Comme avec le sulfate d'argent.

XXIII.

Sulfate de fer du commerce desséché ;

Sulfate de zinc du commerce cristallisé et desséché.

Potassium.... Pour chacun de ces sulfates, trois mesures M.

Température.... Un peu plus élevée.,

Produits.... Comme avec le sulfate d'argent (1).

XXIV.

Nitrate d'argent desséché, et fait avec acide nitrique et argent.

Potassium.... Une mesure M.

Température.... Celle à laquelle le *potassium* fond.

Produits..... Oxide de *potassium ;* argent, lumière, dégagement de gaz.

XXV.

Nitrate de cuivre fait avec acide nitrique et cuivre, et desséché;

Nitrate de mercure fait directement, et desséché;

Nitrate de plomb fait avec litharge et acide nitrique, et desséché;

Nitrate de zinc fait avec zinc et acide nitrique, et desséché.

Potassium pour chacun de ces nitrates.... Deux mesures M.

---

(1) On n'a point recherché s'il s'étoit formé un sulfure de potasse ou un sulfure métallique, ou l'un et l'autre.

Température.... Celle à laquelle le *potassium* fond.

Produits.... Comme avec nitrate d'argent.

XXVI.

Muriate d'argent sec, et fait avec sel marin et nitrate d'argent.

Potassium.... Une mesure M.

Température.... Un peu plus élevée que pour fondre le *potassium*.

Produits.... Muriate de potasse, argent; lumière vive.

XXVII.

Muriate de mercure au minimum d'oxidation, du commerce; ou sublimé doux;

Sublimé corrosif du commerce;

Muriate de cuivre sec, et fait avec oxide de cuivre et acide muriatique;

Muriate de plomb, fait avec acétate de plomb et muriate de soude;

Muriate d'étain du commerce.

Potassium.... Une mesure M pour chacun de ces sels.

I. 24

Température. . . . Un peu plus élevée que pour fondre le *potassium.*

Produits. . . . Comme avec muriate d'argent.

XXVIII.

Phosphate de plomb sec, natif.

Potassium. . . . Deux mesures M.

Température. . . . Un peu plus élevée que pour la fusion du *potassium.*

Produits. . . . Oxide de *potassium;* plomb, phosphure; lumière.

Il est probable qu'il s'est formé du phosphure de potasse; car les produits mis avec l'eau dégageoient du gaz hydrogène phosphuré : ce gaz ne s'enflammoit pas.

XXIX.

Fluate d'argent sec , et fait avec acide fluorique et oxide d'argent.

Potassium. . . . Une mesure M.

Température. . . . Un peu plus élevée que pour la fusion du *potassium.*

Produits. . . . Fluate de potasse , argent ; lumière.

XXX.

Fluate de plomb.... *Idem.*

XXXI.

Carbonate de plomb natif.

Potassium..... Deux mesures M.
Température..... Un peu plus élevée que pour fondre le *potassium.*
Produits.... Oxide de *potassium;* plomb, charbon; lumière.

L'acide carbonique, d'une portion du carbonate, s'est dégagé par l'action de la chaleur.

XXXII.

Carbonate de fer natif;
Carbonate de manganèse, fait au moyen du sulfate de manganèse et du carbonate de potasse.

Température..... Comme la précédente.
Produits..... Oxide de *potassium;* charbon, pas de lumière très-sensible.

XXXIII.

Arsenite de cuivre , ou vert de Scheele ,

fait en versant de l'arsenite de potasse dans le sulfate de cuivre.

Potassium. . . . Deux mesures M.

Température. . . . Un peu plus élevée que pour fondre le *potassium.*

Produits. . . . Oxide de *potassium ;* arsenic et cuivre alliés; lumière.

XXXIV.

Arseniate de cobalt, obtenu avec muriate de cobalt pur et arseniate de potasse.

Potassium. . . . Deux mesures M.

Température. . . . Un peu plus élevée que pour fondre le *potassium.*

Produits. . . . Oxide de *potassium ;* arsenic et cobalt alliés; lumière.

XXXV.

Arseniate de nickel obtenu avec sulfate de nickel pur, et arseniate de potasse ;

Arseniate de cuivre obtenu avec sulfate de cuivre et arseniate de potasse ;

Arseniate de plomb obtenu avec acétate de plomb et arseniate de potasse.

Potassium.... Deux mesures M.

Produits..... Comme avec arseniate de cobalt.

XXXVI.

Chrômate de plomb bien sec, et obtenu avec chrômate de potasse et acétate de plomb.

Potassium.... Deux mesures M.

Température.... Un peu plus élevée que pour fondre le *potassium*.

Produits.... Oxide de *potassium;* plomb, peut-être chrôme; lumière.

XXXVII.

Chrômate de mercure sec, et fait avec nitrate de mercure peu oxidé et chrômate de potasse.

Potassium.... Deux mesures M.

Température.... Un peu plus élevée que pour fondre le *potassium*.

Produits.... Oxide de *potassium ;* mercure, peut-être chrôme; lumière, légère détonation due à la vapeur mercurielle.

On n'a point essayé l'action du *potas-*

sium sur d'autres sels métalliques; mais d'après ce qui précède, il est certain qu'il a la propriété de les décomposer tous, et d'enlever l'oxigène tout à la fois à l'acide et à l'oxide.

De l'action du sodium sur les sels alcalins, terreux et métalliques (1).

261. Le *sodium* agit comme le *potassium* sur ces corps. Il n'a sur eux aucune action bien sensible à froid, tandis qu'à chaud il en opère la décomposition; mais pour cela il exige une température un peu plus élevée que le *potassium* : d'ailleurs les phénomènes sont absolument les mêmes de part et d'autre, ainsi que la manière d'opérer, si ce n'est que les sulfates de barite et de soude, le nitrate de potasse et le carbonate de chaux sont décomposés avec dégagement de lumière par le *sodium*, et qu'ils le sont sans dégagement de lumière par le *potassium*. On se contentera de rapporter quel-

---

(1) On a dit précédemment comment on les avoit préparés.

ques résultats pour en donner une idée plus exacte.

I.

Sulfate de barite.

Sodium.... Une mesure M.

Température.... Voisine du rouge-cerise.

Produits.... Oxide de *sodium*; sulfure jaune; la matière devient rouge de feu, et produit un bruit semblable à celui d'un fer rouge qu'on plonge dans l'eau, au moment où la décomposition du sel a lieu.

II.

Sulfate de soude.

Sodium.... Une mesure M.

Température.... Voisine du rouge-cerise.

Produits.... Les mêmes qu'avec sulfate de barite.

III.

Sulfate de chaux.

Sodium.... Une mesure M.

Température.... Estimée 200°.

Produits.... Les mêmes qu'avec sulfate de barite, seulement un peu plus de lumière.

IV.

Nitrate de potasse.

Sodium.... Une mesure M.

Température.... A peu près celle à laquelle le *sodium* fond.

Produits.... Oxide de *sodium,* potasse peut-être oxidée, dégagement de gaz; lumière très-vive.

V.

Carbonate de chaux ou marbre.

Sodium.... Deux mesures M.

Température.... Trèsv-oisine du rouge-cerise.

Produits.... Oxide de *sodium,* chaux, charbon, peut-être gaz oxide de carbone; lumière foible.

VI.

Muriate de barite fondu au rouge.

Sodium.... Deux mesures M.

Tube.... De cuivre.

Température. . . . Très-élevée.
Produits. . . . *Sodium ;* muriate de barite.

VII.

Fluate de soude fondu au rouge, et fait directement.

Sodium. . . . Quatre mesures M.
Tube. . . . De cuivre.
Température. . . . Très-élevée.
Produits. . . . *Sodium ;* fluate de soude.

VIII.

Sulfate d'argent bien sec et fait de toutes pièces.

Sodium. . . . Deux mesures M.
Température. . . . Un peu plus élevée que pour fondre le *sodium.*
Produits. . . . Oxide de *sodium ;* sulfure, réduction de l'oxide d'argent ; lumière vive.

IX.

Nitrate d'argent desséché, et fait avec acide nitrique et argent.

Sodium. . . . Une mesure M.

Température.... Celle à laquelle le *so-dium* fond.

Produits.... Oxide de *sodium;* argent; lumière, dégagement de gaz.

X.

Muriate de mercure, du commerce, au minimum d'oxidation, ou sublimé doux;

Sublimé corrosif du commerce;

Muriate de cuivre sec, et fait avec oxide de cuivre et acide muriatique.

Sodium.... Une mesure M pour chacun de ces sels.

Température.... A peu près celle à laquelle le *sodium* fond.

Produits.... Muriate de soude, mercure et cuivre revivifiés; lumière vive.

DE L'ACTION DU POTASSIUM SUR LES MATIÈRES VÉGÉTALES ET ANIMALES.

262. Pour examiner cette action, on s'est servi d'un petit tube de verre d'un décimètre de hauteur, de 2 à 3 millimètres de largeur et fermé par une de ses extrémités. On a

d'abord mis au fond de ce tube une petite
quantité de matière végétale ou animale.
Ensuite on y a mis une demi-mesure M de
potassium, puis une nouvelle quantité de
matière végétale ou animale, et enfin du
sable ; de sorte que le *potassium* touchoit
de toutes parts la matière sur laquelle on
vouloit essayer son action, sans être en aucune manière en contact avec l'air. Non-
seulement le sable contribuoit à l'en pré-
server, mais encore il empêchoit que le mélange ne fût assez soulevé pour sortir du
tube. Le tableau suivant contient tous les
résultats qu'on a obtenus.

NOM DE LA SUBSTANCE.	PHÉNOMÈNES.	OBSERVAT.
Acide muqueux pur et sec.	Oxidation du métal aussitôt qu'il entre en fusion, lumière produite, décomposition de l'acide et charbon déposé.	
Acide oxalique desséché.	Oxidation du métal aussitôt qu'il entre en fusion, lumière très-vive, charbon déposé.	L'acide oxalique ne produit avec le *potassium* qu'un foible dégagem. de lumière, lorsqu'on ne l'a pas bien desséché.

NOM DE LA SUBSTANCE.	PHÉNOMÈNES.	OBSERVAT.
Acide tartareux pur et desséché.	Oxidation du métal, fusion et boursoufflement considérable de l'acide, décomposition de cet acide, point de flamme sensible, charbon déposé.	Si le *potassium* ne décompose pas les acides citrique et tartareux avec lumière, c'est sans doute parce que ces acides retiennent beaucoup d'eau, quelque précaution qu'on prenne pour les dessécher.
Acide citriq. pur et desséché.	Oxidation du métal, fusion et décomposition de l'acide, point de flamme sensible, charbon déposé.	
Acide benzoïque.	Fusion de l'acide, oxidation du métal à une température bien au-dessus de celle à laquelle il fond ; point de lumière, charbon mis à nu.	
Acide camphorique.	*Idem.*	
Acide urique.	Oxidation du métal un peu après sa fusion, lumière foible, charbon mis à nu.	
Tartrite de chaux	Oxidation du métal presque aussitôt qu'il entre en fusion, décomposition du sel, foible lumière, charbon déposé.	
Citrate de chaux pur et desséché.	Oxidation du métal, décomposition du sel après la fusion du métal, point de lumière sensible, charbon déposé.	
Acétate de barite pur et desséché.	*Idem.*	
Oxalate de chaux pur et desséché.	Oxidation du métal, décomposition du sel après la fusion du métal, lumière à peine sensible, très-peu de charbon mis à nu.	

NOM DE LA SUBSTANCE.	PHÉNOMÈNES.	OBSERVAT.
Sucre candi pulvérisé.	Oxidation du métal un peu après sa fusion, lumière foible, charbon mis à nu.	
Gomme arabique du commerce pulvérisée.	*Idem.*	
Manne purifi. par l'alcool et desséchée.	Oxidation du métal un peu après sa fusion, fusion de la manne, très-foible dégagement de lumière, charbon déposé.	
Amidon.	Oxidation du métal, lumière à peine sensible, charbon mis à nu.	
Sucre de lait.	Foible lumière, charbon mis à nu.	
Bois de hêtre en poudre et desséché.	Oxidation du métal un peu après sa fusion, combustion pyrophorique assez vive, charbon mis à nu.	
Indigo flore pulvérisé.	Oxidation lente du métal, à une température bien au-dessus de celle à laquelle il fond; point de lumière, charbon mis à nu.	
Résine du commerce pulvérisée.	Fusion de la résine, oxidation très-lente du *potassium*, même à une température élevée; point de lumière.	
Mastic en poudre	*Idem.*	
Huile de pétrole.	Action très-lente, même à chaud.	Le *potassium* s'oxide à froid, dans l'espace de quelques mois, dans l'huile de pé-
Huile de térébenthine.	*Idem.*	

NOM DE LA SUBSTANCE.	PHÉNOMÈNES.	OBSERVAT.
Huile d'olive.	Action un peu moins lente qu'avec l'huile de pétrole.	trole la plus pure, si elle a le contact de l'air ; ce métal s'oxide à peine dans cet espace de temps , si elle n'a pas le contact de l'air.
Huile de lin.	Idem.	
Alcool à 0,800 de pesanteur spécifique.	Action lente à froid ; gaz hydrogène pur.	
Ether sulfurique très-rectifié.	Action très-lente à froid ; point de lumière , potasse, gaz hydrogène pur.	Comme le gaz qui se dégage est de l'hydrog. pur , on peut supposer qu'il provient de l'eau conten. dans l'alcool et l'éther le plus rectifiés. Il seroit curieux de mettre un excès de *potassium* avec ces deux liquides, afin de les obtenir le plus concentrés possible : c'est ce que nous nous proposons de faire.
Chair musculaire en poudre et desséchée.	Oxidation lente du métal, même à une température bien au-dessus de celle à laquelle il fond ; point de lumière , charbon mis à nu.	
Albumine desséchée et pulvérisée.	Idem.	
Gelatine séchée et pulvérisée.	Idem.	
Matière caséeuse.	Idem.	

DE L'ACTION DU SODIUM SUR LES MATIÈRES VÉGÉTALES ET ANIMALES.

On a fait toutes les expériences tendantes à déterminer l'action du *sodium* sur les matières végétales et animales comme celles dont on a parlé, art. 262. Il en résulte qu'au-dessous de 60 à 80°, le *sodium* a en général moins d'action sur ces matières que le *potassium*; mais qu'à l'aide d'une température suffisamment élevée et qui n'excède guère celle à laquelle il fond, il se comporte avec toutes celles qu'on a citées, excepté l'acide tartareux, le tartrate de chaux et l'acide urique, de la même manière que ce métal : c'est pourquoi, on se contentera de rapporter en particulier les résultats qu'on a obtenus avec ces deux acides et ce sel.

NOM DE LA SUBSTANCE.	PHÉNOMÈNES.	OBSERVAT.
Acide tartareux desséché.	Fusion de l'acide, oxidation du métal à environ 90°; dégagement de quelques jets de lumière, charbon déposé.	
Tartrate de chaux	Oxidation du métal, presque aussitôt qu'il est fondu; lumière vive, charbon mis à nu.	
Acide urique.	Oxidation lente du métal, même à une température assez élevée; point de lumière, charb. mis à nu.	

263. Il résulte de toutes ces expériences que le *potassium* et le *sodium* ont la pro-

priété de décomposer à l'aide de la chaleur toutes les substances végétales et animales. D'après cela, nous avions espéré qu'on pour-roit peut-être déterminer ainsi la propor-tion des principes qui constituent ces sub-stances : c'est aussi ce que M. Davy avoit pensé. (Voyez *Bibliothèque Britannique*, tom. 39, *Sciences et Arts*, page 29.). Mais des essais faits avec soin, nous démontrèrent bientôt que cette méthode d'analyse étoit impraticable; et on le concevra facilement, si on observe, qu'il en résulte des gaz, pres-que toujours de l'huile et même un peu d'eau; que le résidu est un mélange de sous-carbonate de potasse et d'un charbon en-core oxigéné et hydrogéné; et qu'au mo-ment de la décomposition, il y a quelque-fois une portion de la matière entraînée jusque dans les tubes et tant de chaleur produite que l'appareil se brise.

264. Cependant il est arrivé de-là qu'en renonçant à cette méthode, nous nous som-mes occupés d'en chercher une autre ou plutôt d'en perfectionner une qui avoit fixé notre attention depuis long-temps; de sorte que nous avons été conduits à faire des

recherches sur l'analyse végétale et animale, tout en poursuivant celles que nous
avions commencées sur le *potassium* et le
sodium. Nous exposerons ces recherches
dans le second volume de cet ouvrage,
p. 265. Elles ont été présentées et lues à
l'Institut le 15 janvier 1810. Ensuite elles
ont été imprimées par extrait dans le *Moniteur;* puis dans le *Journal de Physique,*
mars 1810; et enfin dans les *Annales de
Chimie,* avril 1810, page 47 (1).

---

(1) M. Davy a fait connoître, dès l'an 1807, dans son
premier Mémoire sur le *potassium* et le *sodium*, et ensuite dans un Mémoire lu à la Société royale le 15 décembre 1808, et par conséquent bien avant nous, l'action du *potassium* sur l'alcool, l'éther, le naphte, les
huiles concrètes, les huiles fixes, les huiles volatiles et
le camphre; ainsi que celle du *sodium* sur l'alcool,
l'éther, les huiles fixes, les huiles volatiles et le naphte.
(Voyez *Trans. phil.* 1808, ou *Bibl. Brit.* tom. 39,
Sciences et Arts, pag. 23, 24, 29, 30, 36 et 37.)
  Nos résultats ne sont pas toujours d'accord avec les
siens. Selon M. Davy, les résines, la cire, le camphre,
les huiles fixes chauffées avec le *potassium* sans le contact de l'air, s'enflamment, et font passer le *potassium*
à l'état de potasse : (voyez *Bibl. Brit.* n° 332, octobre
1809, pag. 115.) Selon nous, aucune de ces substances
ne s'enflamme dans ces circonstances; le *potassium*

I.   25

même ne se détruit que difficilement, car ce n'est quelquefois qu'au bout d'un quart d'heure, et plus, qu'une mesure M de ce métal est tout-à-fait transformée en potasse.

FIN DU PREMIER VOLUME.

TABLE DES ARTICLES

CONTENUS DANS CE VOLUME.

PREMIÈRE PARTIE.

RECHERCHES SUR LA PILE.

SECONDE PARTIE.

De la préparation du potassium et du sodium, et des phénomènes qu'ils présentent avec les divers corps de la nature.

FIN DE LA TABLE DU PREMIER VOLUME.

ERRATA.

Page 9 *ligne* 13 le mastic sera mollissant, *lisez* le mastic se ramollissant.

23 17 que celle employée, *lisez* que celle qui a été employée.

38 6 vingt paires seulement, *effacez ces mots.*

152 4 absorbe 148 parties de gaz, *lisez* 74 parties de gaz.

162 25 la couleur lan che, *lisez* la couleur blanche.

169 25 du nitrate de cette base calcinée, *lisez* du nitrate de cette base, calciné.

171 3 extraite de nitrate, *lisez* extraite du nitrate.

201 2e *col.* quantité de *potassium*, *lisez* quantité de *sodium*.

259 13 au minium d'oxidation, *lisez* au minimum d'oxidation.

276 15 *au lieu de* (198), *lisez* (199).

285 8 *au lieu de* (307), *lisez* (207).

314 3 *au lieu de* (78), *lisez* (84).

315 8 bleu pur, *lisez* bien pur.

335 9 de *potassium*, *lisez* du *potassium*.

336 19 , seulement, *lisez* : seulement.

337 5 *au lieu de* (122), *lisez* (123).

349 16 l'acide bocique, *lisez* l'acide borique.

351 18 en le portant à 5o ou 60°, il s'est développé, *lisez* en élevant la température à 5o ou 60° : il s'est développé.

367 6 ulfate, *lisez* sulfate.

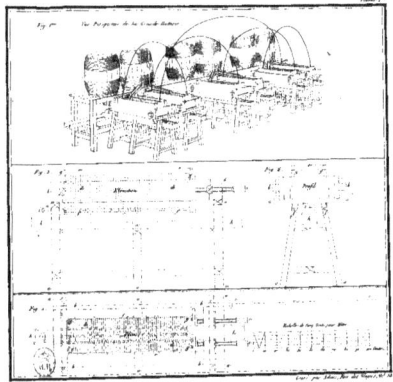

Fig. 1ère   Vue Perspective de la Grande Toiture

Fig. 3   Fig. 4   Profil

Fig. 2

Echelle de long. lieue pour 10bre

Gravé par Adam, Rue des Mayonnes, N° 16

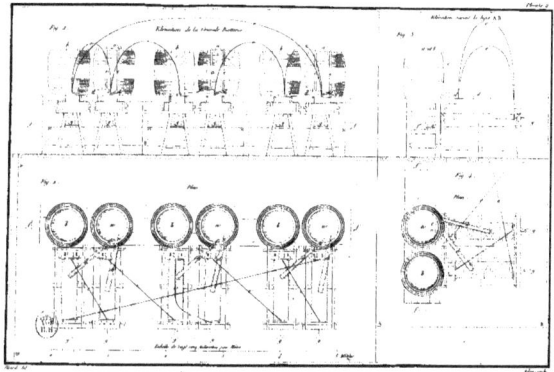

Fig. 1   Élévation de la Grande Poterie   Fig. 3   Élévation suivant la ligne A.B

Fig. 2   Plan   Fig. 4   Plan

Échelle de sept cing kilometres un Mètre

Planche 3.

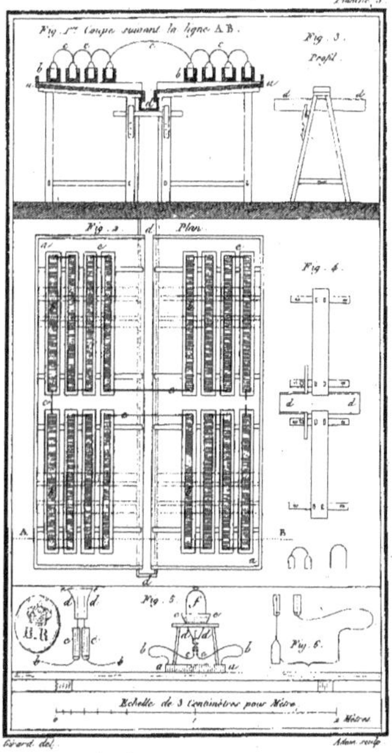

Fig. 1re Coupe suivant la ligne A.B.
Fig. 3.
Profil.
Fig. 2
Plan.
Fig. 4.
Fig. 5.
Fig. 6.
Echelle de 3 Centimètres pour Mètre.
0
1
2 Mètres

Girard del.

Adam sculp.

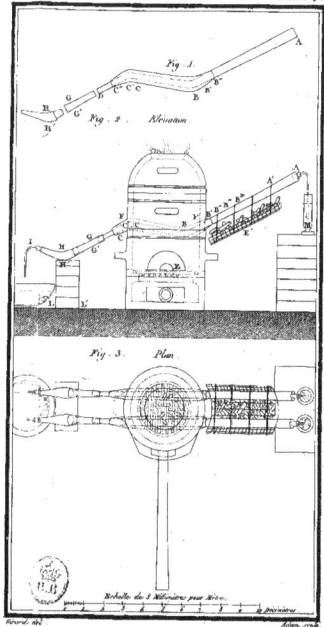

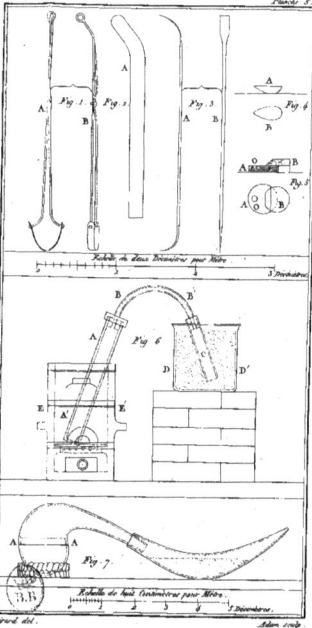

Planche 5.

Fig. 1. Fig. 2. Fig. 3. Fig. 4.

Fig. 5.

Échelle de deux Décimètres par Mètre.

Fig. 6.

Fig. 7.

Échelle de huit Centimètres par Mètre.

Gérard del.

Adam sculp.

www.ingramcontent.com/pod-product-compliance
Lightning Source LLC
Chambersburg PA
CBHW052102230326
41599CB00054B/3587